DU SCORBUT

ÉPIDÉMIE OBSERVÉE PENDANT LE SIÈGE DE PARIS

PAR

MICHEL-V. GEORGESCO,

Docteur en médecine de la Faculté de Paris,
Ancien élève des hôpitaux, ex-aide major à l'ambulance de la Presse,
Membre de la Société d'anthropologie.

PARIS

ADRIEN DELAHAYE, LIBRAIRE-ÉDITEUR

PLACE DE L'ÉCOLE-DE-MÉDECINE.

—

1872

DU SCORBUT

ÉPIDÉMIE OBSERVÉE PENDANT LE SIÉGE DE PARIS

PAR

Michel-V. GEORGESCO,

Docteur en médecine de la Faculté de Paris,
Ancien élève des hôpitaux, ex-aide major à l'ambulance de la Presse,
Membre de la Société d'anthropologie.

PARIS

ADRIEN DELAHAYE, LIBRAIRE-ÉDITEUR

PLACE DE L'ÉCOLE-DE-MÉDECINE.

1872

A LA MÉMOIRE DE MA MÈRE

Regrets éternels.

———

A MON PÈRE

Faible témoignage de gratitude pour les sacri-
fices qu'il s'est imposés pour moi.

A MES FRÈRES.

En souvenir de vive affection.

A MON DISTINGUÉ AMI

C. MIRONESCO,

Reçois mon ami, ce faible témoignage de
l'affection que je te porte.

A M. LE PROFESSEUR G. SÉE,

Membre de l'Académie de médecine,

Recevez, mon cher Maître, ce trop faible témoignage de ma vive gratitude pour vos savantes leçons.

A MES MAITRES DE LA FACULTÉ DE MÉDECINE DE PARIS

Témoignage de reconnaissance.

A M. LE DOCTEUR DAVILA,

Inspecteur du service sanitaire de l'armée. — Membre de l'éphorie des hôpitaux civils et du Conseil de l'instruction publique. — Professeur de chimie. — Chevalier de la Légion d'honneur.

Agréez, mon cher Maître, l'expression de ma vive gratitude.

A M. LE DOCTEUR HOUEL,

Professeur agrégé. — Conservateur du musée Dupuytren.

Hommages de reconnaissance pour ses bons
conseils à l'ambulance de la Presse.

A M. LE DOCTEUR GROSS,

Médecin en chef de Romanati (Roumanie).

Hommages de reconnaissance pour ses bons
conseils.

A TOUS MES AMIS.

AVANT-PROPOS.

Ce n'est pas la nouveauté des phénomènes qui nous a fait tourner l'attention vers le sujet que nous abordons. Ce n'est pas non plus la confiance de pouvoir le présenter sous un jour nouveau. Tout ce que nous aurons à dire a été peut-être dit plus d'une fois. Car telles sont les lois immuables de la nature que toutes les fois que les mêmes circonstances se reproduisent identiquement, les mêmes conséquences en découlent et les mêmes phénomènes s'observent absolument. Nous avons choisi le scorbut pour sujet de notre thèse pour la raison bien simple, que nous avons eu l'occasion de l'étudier de plus près, et nous y attachons une importance particulière, comme à toute maladie qui prend naissance dans les mauvaises conditions hygiéniques, car ce sont sans contredit celles que l'on peut plus facilement prévenir lorsqu'on est en mesure de se mettre dans les conditions hygiéniques convenables. Nous avons placé l'origine du scorbut dans les mauvaises conditions hygiéniques. Sans recourir à d'autres preuves pour justifier cette opinion qui est, nous croyons, celle de tous les auteurs, il suffit de rappeler que jamais cette maladie ne fit plus de victimes que pendant le siége de Sébastopol et celui de Paris. Pendant ce dernier, ayant eu l'avantage d'apporter nos insignifiants mais dévoués services à l'ambulance de la Presse, dont nous avons eu l'honneur de faire partie, nous avons pu faire toutes les observations que nous présentons aujourd'hui. Épuisés par la fatigue sans que leurs forces soient renouvelées par une nourriture suffisante devant lutter contre les rigueurs d'un hiver exceptionnel et qui surpassait de beaucoup la température ordinaire de Paris, les soldats devaient fatalement succomber en grand nombre à cette maladie. Il semble que tous les éléments de la nature s'étaient coalisés pour accomplir une œuvre de destruction inouïe. Nous ne pouvons pas nous étendre assez sur ce point; mais s'il fallait en tracer le tableau complet, les couleurs en seraient trop vives et le souvenir qu'il rappellerait est assez récent et trop pénible pour nous dispenser d'achever une description qui ferait frémir !

En partant de l'étude des causes de la maladie nous avons ensuite suivi la marche ordinaire que l'on adopte dans toute étude systématique, nous n'avons à nous arrêter qu'à la dernière partie le « traitement » et cela parce que nous tenons à dire que s'il a été aussi simple qu'on le verra dans le corps même de la thèse, c'est que les moyens dont nous disposions dans ce temps à jamais fatal étaient tout à fait restreints.

Quoique notre thèse finisse avec cette question (le traitement), ce n'est pas la dernière que le médecin se pose dans une étude analytique d'une maladie. Il vient en dernier lieu une considération qui présente, nous aimons à le croire, la plus grande importance au point de vue réel et pratique, c'est celle de prévenir la maladie. Or, nous croyons que nous ne portons aucune atteinte à la raison en admettant comme axiome le principe : *Sublatâ causa, tollitur effectus.* Ainsi, en dernier ressort le médecin après avoir analysé la maladie avec l'intérêt que donne la conscience du devoir et l'amour du bien, doit remonter aux causes qui l'ont produite et détruire avec elles les effets désastreux qu'elles entraînent fatalement. Combien de fois il n'y peut rien faire parce que les causes initiales sont au delà de sa portée. L'épidémie du siège de Paris a eu pour causes immédiates les mauvaises conditions hygiéniques, c'est vrai; mais ne sont-elles pas les conséquences d'autres causes initiales? Certes, et c'est pourquoi les efforts des médecins pour la prévenir auraient succombé infailliblement. Le médecin redonne la force et la vie, son rôle est de faire rentrer la nature dans ses lois normales, mais non pas de ramener à la raison les esprits égarés et pervers; il peut rétablir l'équilibre entre les forces qui constituent l'existence même de l'organisme, mais ce n'est pas à lui d'apaiser les désirs et les ambitions.

Nous ne pouvons terminer cet aperçu sans exprimer publiquement une reconnaissance légitime à notre illustre maître M. le professeur G· Sée dont les savantes leçons ont été pour nous la source où nous avons puisé, pendant trois ans, toutes les connaissan-

Georgesco.

ces qui nous ont guidé dans nos études et qui vont nous guider dans notre profession.

Nous n'oublierons pas non plus ce que nous devons de respect et de remerciments à notre chef M. le Professeur Béhier, qui nous a aidé dans nos observations par des conseils éclairés pendant que nous faisions sous ses ordres les services des ambulances de la Presse.

DU SCORBUT

ÉPIDÉMIE OBSERVÉE PENDANT LE SIÉGE DE PARIS.

> Si on ne peut pas tout ce que l'on veut,
> on peut beaucoup quand on sait vouloir.

DÉFINITION.

Le mot scorbut dérive du danois, Scorbeet, ou du vieux hollandais, Scorbeck (déchirure, ulcère de la bouche); ou peut-être encore du saxon, Schorberck (déchirure du ventre). C'est une affection générale non fébrile déterminée par une modification profonde de toute l'économie, se manifestant à l'extérieur par un affaiblissement notable de l'énergie musculaire, des hémorrhagies multiples débutant presque toujours par les membres inférieurs, et s'accompagnant fréquemment mais non toujours d'une altération plus ou moins prononcée des gencives.

Telle est la définition donnée par M. Mauger (1),

______
(1) Thèse de Paris, 3 janvier 1856.

dans sa thèse, définition que nous acceptons dans tous ses termes, parce que nous la considérons comme exacte et parce qu'elle est confirmée par les faits observés.

HISTORIQUE.

S'il y a une maladie dont l'histoire soit entourée de plus de ténèbres, c'est sans aucun doute le scorbut. On a dit que cette maladie ne date que depuis la découverte de l'Amérique (1). C'est toujours par là qu'on se sauve quand on ne sait pas la chose au juste, et qu'on ne remonte pas jusqu'à la source.

Quelles sont les causes qui auraient empêché, avant cette époque, la maladie d'exister? Est-ce que les conditions qui la favorisent et qui même la produisent n'existaient pas avant cette époque, et n'ont pas existé de tout temps? Si on la confondait autrefois avec une autre maladie, ce n'est pas une raison pour dire que la maladie dont nous nous occupons n'existait pas. Il est même étonnant qu'Hippocrate n'ait pas eu l'idée de son existence.

Les premiers qui ont écrit sur le scorbut paraissent être : *Ecthyus* et *Wierus*, au commencement du xve siècle. Ces deux auteurs ont non-seulement donné une description à peu près exacte de cette maladie, mais ils ont été jusqu'à indiquer un grand nombre d'antiscorbutiques. *Réufferus* la confondait avec la

(1) Grisolle, pathologie interne.

maladie décrite par Pline, maladie qui affligea l'armée romaine commandée par César Germanicus. Il attribua cette maladie qui ravagea les rangs de cette armée, à la différence du terrain, du climat et de la nourriture.

Ecthyus paraît être le premier qui ait attribué à cette maladie des propriétés contagieuses, il tomba dans cette erreur, parce qu'il observa que des monastères entiers, qui se servaient d'une nourriture uniforme en respirant le même air, étaient attaqués en même temps, surtout après des fièvres, lesquelles sans doute peuvent devenir contagieuses dans des endroits clos. Il pensa que cette maladie, pouvait en quelque sorte, être la crise d'une fièvre. C'est ce qui le poussa à considérer cette maladie comme contagieuse.

Quelque temps après Eugalenus, fit paraître un mauvais livre qui a joui d'une très-grande réputation (il paraît même que Boerhaave et Hoffmann avaient admis ses idées, jusqu'à ce que le livre de *Lind* vint mettre fin à tous ces abus scientifiques. Et aujourd'hui l'accord est à peu près unanime pour considérer le livre de Lind comme le meilleur qui ait paru sur cette question vers le milieu du XVIIIe siècle.

Maintenant nous croyons inutile d'énumérer la série des différentes épidémies qui ont régné depuis que cette maladie est connue. Le scorbut s'est presque toujours développé dans les villes qui ont eu à subir de longs siéges, parmi les équipages privés pendant plusieurs mois d'une alimentation suffisante,

et en général toutes les fois que les règles hygiéniques ont fait défaut. Et dans le courant de ce travail
nous indiquerons le nom des auteurs qui ont observé
cette maladie.

ÉTIOLOGIE.

L'étiologie est évidemment la partie la plus impor-
tante de notre sujet. Elle vient d'être étudiée d'une
manière plus complète pendant l'épidémie qui a sévi
sur la population parisienne (civile et militaire) pendant le siége de 1870-1871.

En 1856, alors qu'elle n'était pas encore bien connue, le Dr Houbont (1) pose les conclusions suivantes :
« l'homme destiné par sa nature à habiter sur la terre
ferme ne trouve plus dans l'atmosphère maritime
tous les éléments auxquels son organisation a été ha-
bituée dès le berceau. » C'est donc là, dit-il, qu'il faut
chercher la cause. Ses conclusions ne sont pas appli-
cables, car le scorbut qui se développe sur la mer ou
dans une ville assiégée reconnaît les mêmes causes.
Et nous verrons par la description de cette question
que les causes qui agissent sur la production de cette
maladie sont les mêmes.

Mais pour mieux étudier cette question il nous faut
entrer dans quelques détails.

Le siége de Paris commença le 18 septembre 1870.
C'est vers cette époque que la ville fut complètement

(1) Thèse de Paris, 1854.

investie. Il survint alors un accroissement assez notable du nombre des habitants, car lorsque les troupes allemandes approchèrent, presque toute la banlieue se retira dans l'intérieur de Paris, dans le but d'éviter la misère et pour mettre ses jours en sûreté. Par ce fait seul, l'hygiène subit des modifications. La misère fit ensuite des progrès de jour en jour, et la population parisienne commença à éprouver une série de souffrances et de privations qui allèrent croissant. L'alimentation devint insuffisante et de mauvaise qualité. Joignez à cette première cause les rigueurs du climat, le manque de combustible et d'éclairage, non-seulement dans les maisons particulières, mais même dans les établissements hospitaliers ; toutes ces causes, si nuisibles dans leurs résultats, constituèrent des conditions hygiéniques des plus déplorables.

C'est au milieu de toutes ces conditions mauvaises que le scorbut éclata. Mais avant de pénétrer dans tous ces détails, nous croyons utile d'indiquer en quelques mots les mesures administratives qui se succédèrent pour remédier autant que possible à cet état de choses.

On verra par l'énumération de cette série de décrets, par quelle suite de souffrances résolûment supportées a passé la population parisienne.

Le 1er décret du gouvernement de la défense nationale, relatif à l'alimentation de la ville assiégée, date du 11 septembre. Il a pour objet le rétablissement de la taxe de la boucherie depuis longtemps supprimée.

Les prix de la viande se sont accrus dans de telles proportions, qu'il devient nécessaire de fixer un maximum.

22 septembre. La taxe de la boulangerie est également rétablie. Ces deux décrets, pour ainsi dire premonitoires, font pressentir la nécessité prochaine du rationnement.

Le 25 Avis officiel est donné au public de la mise en vente de la viande de cheval : à partir de ce moment, les injonctions administratives se succèdent indiquant que les ressources alimentaires s'épuisent de plus en plus. Il nous suffira de relever sans commentaires ces décrets avec leurs dates en regard.

Le 27. Création de boucheries municipales à approvisionnement fixe et devant recevoir chaque jour 500 bœufs et 400 moutons. Ces boucheries, soumises à la surveillance des maires, sont organisées dans chaque arrondissement, suivant des règles variables, soit avec, soit sans le concours des marchands bouchers.

3 octobre. Décret régularisant la réquisition des objets de première nécessité.

Le 8. Réquisition des denrées alimentaires et des fourrages en souffrance dans les gares des chemins de fer dont l'exploitation a cessé.

Le 8. Décret ordonnant la répartition de la viande aux vingt arrondissements, non plus en proportion égale, mais au prorata de la population constatée par un recensement spécial ; les maires sont chargés d'appliquer un système de rationnement qui fixe en général à 100 grammes la ration quotidienne des adultes, et à 50 grammes celle des enfants.

Le 8. Décret portant fixation de la taxe pour la viande de cheval restée libre jusqu'à cette date,

Le 14. Décret ordonnant la déclaration par les propriétaires de tous bœufs, vaches, veaux, moutons et porcs; ce décret a surtout pour objet de faire rentrer dans la consommation publique les animaux des boucheries introduits et élevés par les réfugiés des pays occupés par l'ennemi.

Le 16. Création de comités de pourvoyance chargés de faire rentrer dans la ville les récoltes du camp retranché.

Le 19. Réquisition de tous les fourrages du commerce.

Le 20. Réquisition des avoines, seigles, orges, emmagasinés en grains, gerbes ou farines.

Lé 23. Nomination d'une commission chargée de pourvoir à la conservation des subsistances requises par l'Etat.

Le 27. Décret relatif à la distribution des bons de pain de 500 gr., gratuitement fournis aux familles nécessiteuses, réfugiées.

Lé 30. Réquisition du poisson des parties accessibles de la Marne et de la Seine, et des bois de chauffage à usage de la boulangerie.

9 novembre. Répartition, aux ambulances, d'une certaine quantité de viandes conservées par le ministre de l'agriculture et du commerce.

Le 12. Décret concernant l'achat par l'Etat des viandes des chevaux, mulets, et ânes, qui cesseront d'être livrées au commerce, et qui seront réparties entre les mairies chargées de la distribution.

Le 12. La réquisition des avoines, pailles et fourrages est levée.

Le 14. Installation à Paris des moulins pour la triture des graines alimentaires.

Le 21. Réquisition des pommes de terre, dont le prix a déjà atteint un taux excessif.

Le 25. Décret ordonnant un recensement de tous chevaux, ânes et mulets.

Le 28. Réquisition des os provenant des animaux utilisés pour la boucherie, y compris les chevaux.

Le 29. Réquisition des viandes de porc salées et de toutes les denrées dont les charcutiers font commerce.

11 décembre. Interdiction à tous les boulangers de fabriquer des biscuits, des conserves dits biscuits de mer.

Le 11. Interdiction de la vente de la farine.

Le 16. Nouvelle réquisition des chevaux, ânes et mulets.

Le 16 janvier. La réquisition des pommes de terre est levée. En dehors des approvisionnements réduits de chaque famille, il n'en existe plus dans le commerce.

Le 19. Décret portant rationnement du pain; depuis le 15 décembre défense a été faite aux boulangers de fabriquer ou de vendre d'autre pain que le pain bis;

la ration est fixée à 300 gr. pour les adultes, et 150 gr. pour les eufants au-dessous de 5 ans, et au prix de 10 centimes les 300 gr. et de 5 centimes les 150 gr. La ration de viande portée d'abord, comme le décret du 8 octobre l'indique, à 100 gr., est successivement diminuée à 85, 80, 70, 50, et à la fin 33 gr. dans les semaines qui précèdent la capitulation.

Le 19. Décret rélatif aux perquisitions à faire au domicile pour découvrir les comestibles, combustibles, denrées et liquides, mais seulement au domicile des absents.

Le 20. Décret taxant le sucre et fixant le prix de la vente en détail à 2 fr. le kilogr.

C'est le 28 janvier que Paris capitula, et la levée du rationnement du pain n'eut lieu que le 10 février.

Bien que ce relevé montre jour par jour le degré d'insuffisance, il ne donne qu'une idée imparfaite de la réalité. Car, en dehors de la viande et du pain, il se trouvait encore d'autres denrées qui étaient d'un prix exorbitant, et qui par cela même étaient consommées en médiocre quantité.

C'est ainsi que l'œuf se vendait 3 fr., le décalitre de pommes de terre de 40 à 50 fr.

Que dire encore de ces queues de postulants, munis de leurs cartes, qui attendaient pendant des heures entières pour avoir leurs 300 gr. de pain. Que dire des vieillards, des infirmes, et des malades hors d'état d'affronter des fatigues au-dessus de leurs forces, èt réduits à ne manger qu'à la condition de trouver une personne charitable qui se mît en quête de leur ration.

Ajoutons que la malheureuse population, pour se procurer cette minime quantité d'aliments, était obligée d'affronter pendant des heures entières un froid intense ou une pluie glaciale. Du reste, nous joignons ici un tableau de la température, que nous empruntons au mémoire de M. le professeur Lasègue, et son chef de clinique, M. Legroux.

Ce relevé comprend les mois de novembre, décembre et janvier, et les températures sont prises à 8 heures du matin. L'état météorologique résume l'ensemble de la journée.

TEMPÉRATURE.

1er novembre. + 10. Vent violent du nord.

2 — + 5. Vent d'est vif et froid.

3 — + 3. Très-beau soleil.

4 — + 2. Id.

5 — + 5. Brouillard ; reste gris.

6 — + 5. Beau soleil, vent d'est.

7 — + 5. Brouillard ; reste gris, vent d'est froid.

8 — + 5. Gris ; un peu de soleil après midi, vent d'est.

9 — + 3. Gris ; le soir, pluie neigeuse mêlée de grêle.

10 — + 2. Pluie froide mêlée de neige, puis neige abondante, nord ouest.

Température.

11 novembre	+ 4. Nuageux, humide, vent d'ouest.
12 —	+ 2. Beau le matin, puis noir, et quelques gouttes d'eau.
13 —	+ 4. Beau temps, toujours ouest, mais calme.
14 —	+ 4. Noir humide.
15 —	+ 4. Très - nuageux, vent d'ouest très-violent.
16 —	+ 5. Nuageux, calme, pluie le soir.
17 —	5. Noir et mou, du soleil après midi.
18 —	+ 6. Brouillard, rayons de soleil, puis brumeux, il pleut soir et nuit.
19 —	+ 6. Sombre et humide, calme.
20 —	+ 7. Même temps, fortes bourras-ques, vent d'ouest après midi, calme, soleil.
21 —	+ 6. Beau temps, puis nuageux, et pluie après-midi.
22 —	+ 7. Pluvieux, mou, sud-ouest, temps affreux.
23 —	+ 10. Gris, fort vent d'ouest, un peu de pâle soleil.
24 —	+ 9. Gris fort, faible sud, un peu de pâle soleil.
25 —	+ 10. Mou sombre, brumeux.
26 —	+ 11. Mou humide, il a plu dans la nuit.

Température.

27 novembre   + 8. Gris brumeux.

28   —   + 9.   Id.,   le vent faible tourne à l'est.

29   —   + 7. Gris brumeux, vent plus accentué.

30   —   + 3. Beau clair du soleil.

1er décembre. + 0. Vent d'est vif et froid, très-beau, glace partout.

2   —   + 1. Très-beau, il gèle toute la journée.

3   —   + 1. Gris et même sombre, la brume tourne en bruine; vent tourne sud-ouest.

4   —   — 2. Nuages et soleil, beau très-froid, gèle toute la journée, vent très-fort, nord.

5   —   — 5. Beau temps, calme, gèle toute la journée, le soir à 3° ou 4°, la nuit, le temps change.

6   —   — 1. Brouillard; reste gris, un peu de neige, vent nul, un peu de neige le soir.

7   —   — 1. Gris brumeux.

8   —   — 0.   Id.,   neige abondante le matin, et avant le jour elle fond dans les rues.

9   —   0. Il gèle par terre, temps noir, il regèle le soir, vent d'ouest.

10   —   — 3. Nuit a été claire, temps se re-

/Température.

couvre le matin ; vent terrible.

11 décembre. — 4. Toujours brumeux ; vent terrible la nuit, il tourne au sud.

12 — — 0. Terre est gelée ; verglas ; tout glacé, sombre et froid ; le soir + 4.

13 — + 4. Brouillard et puis pluie très-petite.

14 — + 10. Forte pluie ; moü ; sombre, ouest.

15 — + 10. Brouillard, puis nuageux.

16 — + 10. Nuageux, couvert.

17 — + 8. Humide, couvert ; ouest.

18 — + 5. Le temps s'éclaircit, il paraît un rayon de soleil dans la journée.

19 — + 7. Couvert, fort vent d'ouest, humidité.

20 — + 9. Même temps, clair le soir.

21 — + 1. Gris, vent froid nord, il gèle après midi.

22 — + 6. Vent est ; il a venté fort dans la nuit ; un peu de folle neige.

23 — — 8. Beau soleil, superbe.

24 — — 9. Aussi beau, mais il a gelé blanc.

25 — — 9. Vent rude très-froid de l'est, un peu couvert ; journée très-dure.

Température.

26 décembre — 6. Beau temps, Seine charrie.

27 — — 7. Gris, un peu de neige toute la journée, toujours vent du nord.

28 — — 5. Gris, un peu de brume, calme et moins dur.

29 — — 4. Gris, froid faiblit pour le premier quartier.

30 — — 8. Très-beau temps.

31 — — 6. Id.

1er janv. 1871. — 4. Gris, vent très-faible, un peu de brume.

2 — — 5. Gris, couvert, velléités de neige, le vent est remonté, temps plus dur.

3 — — 4. Gris sombre, la Seine ne charrie plus que peu, le soir 0°.

4 — — 6. Gris, givre, brouillard très-froid.

5 — — 9. Très-beau soleil, pâlit un peu ; brouillard ; le soir, petit grésil.

6 — + 1. Beau temps, vent du sud ; le soir, brouillard et verglas.

7 — + 4. Humide et brumeux, nuages, et un pâle soleil ; vrai dégel.

8 — + 1. Vent d'ouest ; ouragan, il a gelé la nuit, tout est gelé.

Température.

9 janvier   + 1. Même temps, même glace, vent,
                    un peu de neige après midi.

10   — ✓   + 1. Neige le matin, il regèle le soir.

11   —   — 2. Beau temps, un peu nuageux ;
                    vent sud-est, vif et froid.

12   —   — 4. Assez beau ; brume, le soleil ne
                    la perce qu'un peu.

13   —   — 4. Gris ; la Seine a recommencé à
                    charrier faiblement le 12.

14   —   — 5. Brouillard très-épais et givres.

15   —   — 6. Gris ; mêmes givres, un peu de
                    soleil et de pluie ; le soir,
                    brume, verglas.

16   —   + 3. Un peu de bleu, vent d'ouest,
                    dégèle.

17   —   + 3. Humide, nuageux, vent d'ouest,
                    fond de l'air reste froid.

18   —   + 4. Pluvieux, nuageux, vent d'ouest
                    froid.

19   —   + 3. Gris, la terre a un peu gelé la
                    nuit.

20   —   + 2. Gris, un peu de brume le soir.

21   —   + 3. Beau temps, soleil, puis gris.

22   —   + 3. Temps gris, le fond de l'air
                    froid, thermomètre ne monte
                    guère.

23   —   + 3. Nuageux, sud-ouest, un peu de
                    pluie le soir.

24   —   + 2. Gris calme, il y a de la glace.

Georgesco.   3

Température.

25	—	+ 1. Gris, vent faible, il y a de la glace, velléités de neige.
26	—	— 0. Glace partout, sombre dans la journée, il baisse à 2°.
27	—	— 5. Plus beau soleil et nuages et puis gris.
28	—	— 3. Gris froid.
29	—	— 0. Id., velléités de nuage le matin.
30	—	— 0. Neige le matin, temps si couvert qu'on allume à 3 heures.
31	—	— 1. Beau temps.

En résumé, la température moyenne de novembre est froide et humide, celle de décembre plus froide encore, car le thermomètre se maintient presque toujours au-dessous de zéro, celle de janvier moins froide et moins humide, et le sec alterne avec l'humidité : la somme de température est au-dessous de celle qui s'observe habituellement sous le climat de Paris.

Ainsi, les premières manifestations de cette maladie commencèrent vers le mois de décembre. A cette époque, M. Cresson, le préfet de police, très-préoccupé des questions d'hygiène soulevées par le siége de Paris, et informé par le Dr Piétra de Santa, que des manifestations scorbutiques s'étaient produites chez plusieurs détenus de la maison de correction, donna la mission à M. Delpech de visiter cet établissement, comme membre du Conseil de salubrité, et d'en faire un rapport au Conseil. A sa première visite il trouva six malades atteints d'un scorbut parfaitement caractérisé.

Cependant les accidents ne présentaient pas la gravité terrible qu'ils acquirent lorsque l'action des causes se fut plus longuement exercée.

M. Delpech put observer soixante-cinq détenus qui tour à tour furent atteints du scorbut, et il se demande : le scorbut reconnaît-il une cause principale, et cette cause principale elle-même est-elle indispensable au développement de cette maladie? Il pense que toutes les causes dépressives, influences morales tristes, découragement, fatigues exagérées, encombrement, manque d'exercice, alimentation insuffisante, cachexie, convalescence de maladies graves, mettent les individus qui les supportent ou qui sont longtemps exposés à les supporter, dans des conditions de moindre résistance, qui les prédisposent à certaines affections et peut-être au scorbut.

Mais il y a deux causes qui ont pris de l'importance dans la production du scorbut, le froid et l'alimentation. Le froid se présente avec l'autorité de Rouppe (1) dans le passé, et dans le présent avec celle de l'un des hygiénistes les plus distingués de notre époque, M. le professeur Bouchardat.

Pour ce dernier l'action prolongée du froid est la grande cause du scorbut.

Lorsque j'ai vu, disait le savant professeur dans

(1) De morbis navigantium, in-4. Leyde, 1754.

une de ses leçons, des soldats soumis pendant un hiver long et exceptionnellement dur, à l'influence du froid dans les champs ou les tranchées, j'ai annoncé qu'il se produirait des cas nombreux de scorbut.

Lind (1) n'admet point l'influence du froid comme cause déterminante.

L'humidité que Lind considère comme efficace pour la production du scorbut, paraît ne pas être tout à fait démontrée. Aussi nous voyons que les premiers cas que M. Delpech a observés n'étaient pas sous l'influence de cette cause, et nous avons constaté que cette cause faisait défaut dans les autres cas que nous-même avons observés. Par conséquent cette cause n'est pas très-puissante, du moins elle n'est pas entrée comme cause déterminante dans les cas observés pendant le siége.

Il n'en est pas de même de l'alimentation, qui agit de deux façons, soit par la quantité, soit par la qualité. Il importe d'en apprécier ici la valeur.

A la maison de correction chaque détenu reçoit 750 gr. de pain bis-blanc, et sur la désignation du médecin un supplément de 375 gr. peut être ajouté à cette ration. Les lundis, mardis, mercredis, vendredis et samedis, chaque détenu reçoit une ration de maigre, qui se compose de bouillon et légumes.

Les jeudis et les dimanches il reçoit une ration grasse, qui consiste pour les deux repas en 250 gr. de bœuf.

(1) A Treatise on scurvy. In-8, Edimb., 1752.

Quant à la ration de l'infirmerie, elle est toujours grasse.

Mais le siége a profondément modifié cette ordonnance. Le 23 septembre, la viande, les légumes verts et les pommes de terre furent à la fois supprimés, et les détenus furent réduits à n'avoir que des légumes secs.

L'influence qu'exerce la qualité des aliments sur la production du scorbut est encore plus puissante ; Lind considère la nourriture dont on est obligé de se nourrir sur mer comme une cause occasionnelle du scorbut, parce qu'elle détermine d'une façon particulière les effets des causes prédisposantes à la production de cette maladie (1). On a encore attribué au chlorure de sodium des propriétés sur la production de cette maladie, ainsi qu'aux viandes salées, en disant que le chlorure de sodium s'absorberait dans le sang et le rendrait plus alcalin, par l'augmentation de ce sel à base de soude dans le sang.

D'autres ont dit que le sel de soude se substituerait au sel de potasse et lui enlèverait un des éléments les plus précieux et les plus réparateurs. Comme ces sels se trouvent dans les végétaux frais en proportions importantes, lorsque ces végétaux manquent, l'apparition du scorbut deviendrait probable, et M. le professeur Bouchardat apporte une sérieuse importance à cette action.

La privation des végétaux frais a une influence qui

(1) Lind a treatise on scurvy. In-8, Edimb., 1752.

paraît être prouvée par un grand nombre de faits scientifiques. Lind lui-même avait reconnu cette action, et il dit que la privation des végétaux frais est une cause puissante du scorbut qui se développe chez les marins. Lorsqu'il s'y joint un air humide et frais, cette privation manque rarement de le produire.

Après, presque tous les observateurs qui se sont préoccupés de cette question ont attribué à cette cause une puissante action ; et l'on a vu, à l'occasion du froid, pendant le siége de Sébastopol, lorsque des chaleurs torrides eurent brûlé les végétaux qui croissaient dans le voisinage du camp, le scorbut prendre subitement un accroissement considérable dans les rangs de l'armée.

Scrive (1), dans une partie de son livre, dit : En juillet, à l'époque de la plus grande sécheresse de l'été qui nous priva des végétations, nous eûmes une recrudescence d'épidémie scorbutique si forte, que dans l'espace de trois mois il y eut plus de 5,000 invasions.

Le Dr Fernel raconte que les bâtiments qui surveillent dans les parages de l'Islande ne se préservent du scorbut qu'en ajoutant à la nourriture des équipages le pissenlit, le seul végétal frais que l'on puisse se procurer sous ce rude climat.

Tous les navigateurs ont insisté sur la nécessité d'embarquer des plantes herbacées. Ils ont aussi signalé l'influence favorable des fruits acides. C'est

(1) Scrive, op. cit. p. 394.

pourquoi les équipages anglais sont abondamment pourvus de jus de citron (Lime, Juice), dont l'usage est réglementaire et, affirme-t-on, d'une grande efficacité.

Lind lui-même avait fait ressortir très-nettement l'utilité des fruits acides dans la préservation du scorbut. Lui qui ne voulait pas admettre l'influence du froid se contredit en plusieurs points et finit par poser la réflexion suivante : La maladie, dit-il en parlant du scorbut, fut occasionnée principalement par la rigueur de l'hiver, parce qu'on ne put pas tirer des rafraîchissements convenables des forts anglais, et particulièrement par le manque de végétaux récents dont la terre ne se couvrit que vers la fin du mois de mars.

M. Grenet (1) a observé le scorbut au fort de Bicêtre. Il ne s'explique pas la cause de cette maladie, car, dit-il, les soldats étaient bien pourvus de vivres. Ni l'usage des salaisons, ni la qualité mauvaise des aliments ne peut être invoquée. Le pain a toujours été excellent, la viande fraîche n'a jamais fait défaut. Il faut en rechercher la cause dans l'habitation et l'encombrement des casemates peu aérées, mal éclairées, donnant sur une cour toujours humide quand elle n'était pas gelée. Les fatigues du siége subitement accrues par les travaux des tranchées, travaux exécutés pendant la nuit et pendant un froid très-vif; ajoutez à cela la tristesse et le décourage-

(1) Grenet, Annales d'hygiène, p. 299. 1871.

ment, telles sont pour lui les causes qui ont prédisposé à la production du scorbut.

Mais il ne dit pas si les végétaux frais étaient en abondance. Evidemment non, car partout où la maladie a été observée, les végétaux frais faisaient défaut, et nous croyons qu'il en était de même au fort de Bicêtre.

Comment, en effet, ne pas admettre cette cause, quand nous la voyons exister partout ailleurs !

Chez nous, l'alimentation était comparativement meilleure. Les sages frères avaient eu soin de s'approvisionner avant l'investissement et ils mettaient à notre disposition tout ce qu'on leur demandait. Nos malades faisaient deux repas par jour. Chaque repas se composait du bouillon, un plat de légumes secs et un morceau de viande correspondant à 40 grammes, et du vin le sixième d'un litre ; les dimanches on leur donnait du café et le matin ils avaient ou du bouillon ou du café dans lequel on mettait un peu du lait et vers la fin du chocolat à l'eau. Les malades qui présentaient un état plus débile et dont les forces avaient besoin d'être remontées pour pouvoir résister à quelques phénomènes graves avaient des œufs et du lait et quelquefois de la viande crue qu'on pouvait se procurer facilement ; la viande et les végétaux frais nous ont toujours fait défaut, les seules causes existant chez nous et qu'on peut considérer comme ayant une influence majeure sur la production du scorbut, et, en effet, nos malades n'étaient exposés ni au froid, ni à l'humidité, ni aux fatigues, l'encombrement n'était pour rien, car les salles étaient très-bien disposées; de la grandeur de celles des hôpitaux, garnis des fenêtres donnant d'une part sur le boulevard des Invalides, de l'autre dans un jardin assez grand; en un mot, on ne trouvait rien dans l'habitation qui puisse être invoqué, dans la production de la maladie. Ce n'est que dans l'alimentation qu'on peut trouver la véritable cause, car la plupart du temps nous n'avions que de la viande salée, le peu de pommes de terre qu'on trouvait dans les caves des frères ne pouvait pas entrer dans l'alimentation journalière, ou alors il aurait fallu des quantités immenses pour nourrir 250 individus (blessés et malades).

En résumé, d'après l'analyse des causes qui ont pu avoir une influence plus ou moins grande sur la production du scorbut, trois seulement paraissent avoir véritablement agi sur le développement de la maladie : ce sont le froid, l'usage prolongé de viandes salées et la privation des végétaux frais; les autres comme l'humidité, la fatigue ne paraissent pas avoir une influence bien marquée. Nous ne croyons pas nous tromper en disant que ces dernières ne peuvent pas, à elles seules, agir puissamment et déterminer la production de la maladie, mais que, réunies aux trois premières, elles peuvent aggraver la maladie une fois developpée, et hâter une terminaison funeste. Quant aux influences morales tristes, nous ne les rappelons que pour mémoire, car ces causes morales peuvent exister en dehors de toute condition matérielle, et cependant la maladie ne se développe que sous l'influence de cette dernière, et nous ne croyons pas qu'une influence morale, quelque puissante qu'elle soit, puisse déterminer une altération matérielle, pour cela il faut que la cause y soit de même.

ANATOMIE PATHOLOGIQUE.

Lorsqu'on fait l'autopsie d'un individu mort à la suite du scorbut, on trouve d'abord des petits épanchements sanguins dans le tissu sous-dermique, ils sont en nappe et répandus à la surface des aponévroses ; à mesure qu'on avance en profondeur on trouve encore dans les muscles, et principalement dans les muscles du jarret, du sang avec l'apparence de la gelée de groseilles ; ces épanchements sont dus à une altération du sang qui, dit-on, se déverserait dans une partie quelconque du système musculaire, et principalement là où les mouvements sont plus actifs : la substance musculaire baignée par le sang perd sa coloration, de rosée qu'elle était devient jaunâtre, plus friable et plus cassante, cela tient également à l'altération que subit le sang sous l'influence de la maladie, c'est-à-dire que le muscle ne trouvant plus dans le sang les éléments nécessaires à sa nutrition, finit par perdre ses propriétés contractiles. Cela explique la difficulté qu'éprouve le malade toutes les fois qu'il essaye à faire quelques mouvements. Lorsqu'on a affaire à un cadavre qui avant la

mort avait une hydropisie, la section de la peau
donne lieu à un écoulement de sérosité jaunâtre ;
dans le cas contraire, la section ne donne lieu à aucun écoulement, le cas que nous avons observé nous-
même c'était un jeune soldat artilleur (obs. 4) complétement infiltré de sérosité, la section de la peau
laissait écouler une quantité considérable d'un liquide
jaunâtre citrin, les muscles étaient décolorés comme
macérés, les cavités séreuses en contenaient aussi
une grande quantité, qui précipitait par la chaleur
ou l'acide nitrique une petite quantité d'albumine ;
le système articulaire est souvent intact; dans la substance osseuse, vers le canal médullaire on trouve
quelquefois du sang épanché, M. Leven (1) dit avoir
observé chez un de ses malades, âgé de 18 ans : la
clavicule qui s'était fracturée vers l'âge de 3 ans,
s'est fracturée de nouveau spontanément quand il
était couché ; il avait un scorbut des formes graves
avec hydropisie généralisée ; dans le système musculaire nous avons dit que les muscles perdent leurs
propriétés, mais ce qui est important à noter c'est le
changement que subit le cœur, organe actif qui
fonctionne constamment jour et nuit; c'est pour cette
raison que les lésions qu'il présente sont des plus
graves : aussi le sang ne circule que par l'impulsion
cardiaque et l'élasticité des artères, etc. Le cœur
par conséquent imprime une impulsion au sang,
donc il y a une force qui agit ; quand cette force di-

(1) Leven, Mém. comm. à la Soc. de biologie, 1871.

minue, la circulation doit nécessairement diminuer ;
de là les dilatations des capillaires, de là aussi probablement la cause de dégénérescence graisseuse
que l'on observe, dans les viscères ; lorsqu'on exa-
mine le cœur on est frappé de sa mollesse et de sa
flexibilité, la fibre musculaire est cassante, a perdu
son élasticité, se laisse déchirer facilement ; l'augmentation de volume correspond souvent avec un
amincissement des parois, une véritable hypertrophie apparente, quelquefois (et c'est le cas le plus
fréquent) il est atrophié et dans son volume et dans
les parois, la substance musculaire change d'aspect,
de rougeâtre elle devient jaunâtre, un commencement de dégénérescenee se produit donc ; des caïl-
lots blanchâtres et épais se rencontrent à l'intérieur
du cœur, ces caillots sont très-adhérents, formés par
des fibres entrelacées, qui se répandent sur la surface de valvules, et peuvent être une cause de mort
dans le scorbut.

Ces caillots ont été observés par Rouppe (1), par
Andral et Fauvel (2) et considérés comme devant être
rattachés à l'hyperinose. M. Leven dit dans son travail que la formation des caillots est purement mécanique, et sont dus au ralentissement des battements du cœur, et pour les mêmes raisons on trouve
des caillots dans les vaisseaux. » Nous ne croyons
pas que le ralentissement des battements du cœur

(1) Rouppe, De morbis navigationis.
(2) Andral, Archiv. de méd., 184 .

puisse déterminer la formation des caillots, car il n'entraîne pas nécessairement cette conséquence, mais que des granulations dues à une altération des éléments du sang puissent être le point de départ de ces caillots, cela nous paraît plus admissible ! Car nous croyons qu'une altération préalable du sang est nécessaire; les muscles sacro-lombaires présentent souvent dans l'intervalle de leur fibres des granulations ; ceci explique les douleurs qu'éprouvent les malades et l'impossibilité de s'asseoir dans leur lit; dans le tube digestif on trouve souvent des lésions plus ou moins graves, selon l'intensité de la maladie ; les gencives sont fréquemment ramollies, la muqueuse buccale souvent ulcérée, la muqueuse stomacale est rarement altérée ; il n'en est pas de même de la muqueuse intestinale. Le cas que nous avons observé, présentait des ulcérations sans perforation vers la fin de l'intestin grêle et dans le gros intestin. Ces ulcérations sont dues à l'effet de l'inanition probablement ; quant à la diarrhée que le cadavre présentait pendant la vie, elle est due à l'ulcération, c'est-à-dire à l'excitation qui s'exerce sur les nerfs mis à nu par le fait de l'ulcération. « Cette excitation sur les nerfs sensitifs produit des contractions musculaires, de là la diarrhée; c'est l'explication qu'a donnée M. le professeur Sée dans sa leçon clinique du 24 juin. Le foie, la rate et les reins sont à une periode avancée de la maladie affectés de dégénérescence ; on y trouve souvent des granulations grisâtres plus ou moins considérables, suivant l'état du malade.

Nous empruntons l'analyse du sang dans le travail de M. Leven, cette analyse a été faite par Chalvet. Cet observateur distingué a analysé avec la conscience et l'amour pour la science, tous les points de détail relatifs aux faits chimiques. Rochoux considère les désordres du scorbut comme le fait d'une altération profonde dans la composition chimique du sang. Le sang, dit-il, est fluide et se prend difficilement en caillots, et le caillot et la couenne qu'on observe dans quelques cas exceptionnels n'est due qu'à ia coïncidence de complications inflammatoires.

Pour Broussais le sang est à la fois épaissi et dissous par un principe âcre et alcalin, modifiant surtout la fibrine et la gélatine.

M. Andral (1) a affirmé que la diminution de la fibrine est la lésion caractérisque du scorbut et la cause des hémorrhagies.

Voici les chiffres donnés par Andral :

Fibrine	1.6
Globules	119.0
Matières solides	86.0
Eau	793.4

Becquerel et Rodier (1845) trouvent une augmentation sensible de la fibrine et une élévation du chiffre des globules qui a pu atteindre 176-21.

Après de pareils résultats, MM. Andral et Gavarret ont repris la question et ont donné le tableau suivant qui se rapproche plus de la vérité :

(1) Essais d'hémathologie pathologique.

Fibrine................... 4.420
Globules................. 44.400
Matières solides......... 76.555
Eau 874.826

Niemeyer (1) dit qu'aucune de ces hypothèses n'est confirmée par l'analyse chimique ; pour lui et ceux qui n'attribuent pas aux lésions du sang une importance réelle, les hémorrhagies sont dues a un état patholcgique des parois des capillaires.

En présence de ces contradictions, il a fallu reprendre la question au point de vue histo-chimique.

Le microscope n'a pas rendu les services qu'on en attendait. M. Hayem (2), dans ses observations physiques du sang, n'a pas trouvé, comme M. Laboulbène, une augmentation insolite des globules blancs (3) ; les observations de M. Leven concordent avec celles de M. Hayem, qui n'a trouvé aucune lésion appréciable du sang pendant la vie au point de vue physique. — Mais l'analyse chimique du sang a donné au contraire des résultats du plus haut intérêt. Lorsqu'on fait une saignée chez un scorbutique, on constate que le sang coule facilement, cet écoulement est suspendu dès qu'on cesse la compression, dont la fluidité du sang ne favorise nullement l'hémorrhagie ; puisque, dès que la compression cesse, l'écoulement cesse aussi. Nous avons constaté nous-même ce fait ; le sang hors

(1) Pathologie interne, t. II, p. 842.
(2) Mém. Société de biologie.
(3) Académie des sciences, 1871.

du vaisseau se prend en un caillot très-serré, et le sérum est parfaitement limpide ; ceci explique déjà la diminution des globules et la persistance de la plasmine dans le plasma du sang ; en effet, l'analyse le démontre clairement. Voici les chiffres d'une analyse du sang scorbutique pris à la période d'état de la maladie. Nous plaçons en regard les chiffres du sang d'une femme robuste enceinte de sept mois qui représente l'état normal.

	Scorbutique.	Femme enceinte.
Eau.........................	848.492	779.225
Matières solides..................	151.508	220.475
Caillot sec.....................	140.194	209.000
Albumine	72.304	68.719
Globules......................	63.548	138.121
Fibrine.	4.342	2.162
Matières extractives.............	11.314	9.313
Matières entraînées successivement.	....	8.013
— par l'acool absolu.........	10.312	....
— par l'éther.............	1.002	1.300
Cendres du caillot................	3.000	5.691
Peróxyde de fer des globules.	1.060	2.259
Potassium des globules............	0.329	0.625

En étudiant les chiffres de ce tableau, on observe une augmentation de la fibrine et une diminution absolue des globules rouges, le dosage direct démontre l'augmentation de la fibrine qui ne laisse plus de doute à cet égard. — Du reste, l'hyperinose a été affirmée par presque tous les auteurs. Lind (1) dé-

(1) A treatise on scurvy. In-8, Edimb. 1752.

clare avoir fait beaucoup de saignées chez les malades atteints du scorbut et avoir trouvé même à la
dernière période le caillot ferme et compacte, couvert
de ce tissu blanchâtre qu'on appelle la couenne du
sang. — M. Andral lui-même a reconnu comme Rosk,
Stoeber, Prus, Becquerel et Rodier (1847), Fauvel,
Chalin et Bouvier (1848), que l'augmentation du
chiffre de la fibrine coïncide avec un caillot très-
ferme, nageant dans un sérum limpide

D'après les témoignages conformes aux analyses de
Chalvet, il est actuellement acquis à la science que la
fibrine, loin d'être diminuée est augmentée dans la période d'état du scorbut, que les globules sont dimi-
nuées ainsi, et le nombre peut descendre jusqu'à
60 sur 1000 et même plus bas.

Chalvet a examiné également la sérosité extraite
des membres inférieurs par des simples ponctions
dans un cas d'hydropisie généralisée, et il a constaté
que cette sérosité prend quelquefois sous l'influence
de la lumière une coloration rouge sombre, et il se
demande si la présence dans cette sérosité de la glo-
buline et de la plasmine ne pourrait expliquer le
changement de couleur ?

Dans l'analyse de l'urine à la période d'état on a
constaté une diminution d'urée, ce qui prouve que le
scorbutique ne brûle pas autant qu'à l'état normal,
ceci explique encore l'absence de fièvre proprement
dite dans le scorbut.

En résumé, les lésions caractéristiques du scorbut
sont l'hyperinose, l'hypoglobulie et la déminéralisa-

tion ; mais elles ne sont que passagères quand elles n'ont pas dépassé une certaine limite.

SYMPTOMATOLOGIE.

Dans les conditions dans lesquelles la maladie a été observée, nous avons remarqué qu'elle se montrait toujours dans un temps plus ou moins long et avec la même intensité.

Les malades entraient à l'hôpital ou à l'ambulance pour une bronchite, une courbature ou toute autre maladie, et au bout de quelque temps on ne tardait pas à observer sur eux les premières atteintes du scorbut, atteintes peu graves au début, mais qui ne tardaient pas à prendre rapidement une grande intensité si l'on ne venait promptement y remédier.

C'est ainsi que les premières observations que nous avons pu recueillir se sont montrées à nous avec la marche que nous signalons plus haut.

Les premiers symptômes observés étaient d'abord une faiblesse générale telle qu'elle mettait les malades dans l'impossibilité de marcher. A cette faiblesse venaient se joindre des douleurs sourdes dans la continuité des muscles, et surtout des muscles du membre inférieur. Ces douleurs aggravèrent encore la position des malades, forcés de rester dans leur lit et d'éviter tout mouvement qui devenait douloureux.

Ces douleurs gravatives avec exacerbation pouvaient être prises pour des douleurs rhumatismales, surtout quand il y avait un peu de gonflement dans les articulations ; on comprend pourquoi le moindre mouvement les augmentait.

Dès que ces symptômes apparaissent, la face change d'aspect, pâlit, la peau devient mate, plombée et prend une teinte analogue à celle qu'on observe dans certaines cachexies avancées.

Dans beaucoup de ces cas, nous avons observé des épistaxis plus ou moins fréquentes et se répétant parfois plusieurs fois dans la journée. Ces épistaxis disparaissent au bout de quelques jours.

A une période plus avancée, lorsque la maladie était parvenue à son complet développement ; période qui constituait la période d'état, on pouvait voir les symptômes généraux apparaître avec la plus grande régularité.

Pour que notre description soit méthodique, nous diviserons les symptômes en quatre ordre : 1° éruption cutanée ; 2° gonflement et ramollissement des gencives ; 3° phénomènes du côté du tube digestif ; 4° phénomènes cardiaques.

1° *Eruption cutanée.* — On peut diviser cette éruption en deux espèces, les ecchymoses et le purpura. Le purpura n'est pas constant ; il a manqué dans le plus grand nombre de cas qui sont tombés sous notre observation. Cependant MM. Leven et Delpech l'ont observé bien des fois. Nous ne l'avons observé qu'une seule fois. Il s'est présenté sous la forme de taches d'un rouge foncé, qui peu à peu pâlissait et s'effaçait à mesure qu'on approchait de la guérison. Ces taches occupent de préférence les membres inférieurs; elles sont en nombre variable; elles sont causées par une hémorrhagie sous-cutanée, très-perceptible à l'œil nu et occupant toujours les follicules pileux.

Les ecchymoses n'ont jamais manqué dans les quelques cas que nous avons observés. Elles se montrent toujours sur les cuisses et quelquefois sur les bras, plus souvent du côté de la flexion; d'une étendue assez considérable, d'une coloration foncée, noirâtre, ces ecchymoses sont dues également à une hémorrhagie interstitielle. On en rencontre dans les muscles, ce qui explique l'induration de ces organes et qui constitue un obstacle aux mouvements. Lorsque la maladie tend vers la guérison, les indurations diminuent, les muscles reprennent leur souplesse à mesure que la guérison avance, mais il reste toujours un peu de gêne dans les mouvements, gêne qui disparaît par les exercices.

2° *Accidents du côté des gencives.* — Le ramollissement des gencives, peut manquer dans certains cas; quant à nous, nous l'avons toujours observé. Il commence en général, après l'éruption cutanée et consiste dans une dégénérescence graisseuse des gencives, débutant au niveau du collet de la dent. Les gencives deviennent sensibles, et cette sensibilité est plus vive pendant la mastication, par le contact des aliments et surtout des aliments solides; et, lorsque cette action s'exerce plus longtemps, les gencives saignent abondamment, deviennent mollasses, fongueuses, d'une coloration livide, et lorsque la lésion est à son complet développement, l'aspect de la bouche change ; l'haleine devient fétide, les dents sont ébranlées dans leurs racines et vacillent, les gencives se détachent des bords alvéolaires et forment une masse fongueuse qui remplit le vestibule de la bouche. Les dents fortement ébranlées disparaissent au milieu de ces débris de gencives ; la difficulté qu'éprouvent les malades pendant la mastication tient à la douleur que provoque le moindre contact des aliments ; les petites hémorrhagies des gencives tiennent à la même cause.

Le cas le plus frappant que nous avons observé, et que nous sommes heureux de pouvoir publier, parce qu'il nous donne une forme nouvelle des lésions de la bouche, a été observé par nous sur un mobile que nous avons eu dans le service de M. le professeur Béhier, à l'Ambulance de la Presse. Il présentait des lésions gingivales très-développées ; la muqueuse buccale et en particulier la muqueuse linguale était recouverte d'ulcères plus ou moins profonds.

C'est, comme on le verra plus loin dans notre première observation, une forme nouvelle des lésions scorbutiques, une véritable stomatite ulcéreuse, forme qui n'a été signalée par personne. Cependant M. Bucquoy dit avoir observé un cas semblable (1).

(1) Mémoire lu dans la séance du 28 avril 1871. Soc. méd. des hôpitaux.

La jeune fille de l'obs. 2, dit-il, m'a offert une maladie de la bouche que je n'ai trouvée signalée par personne. C'était une véritable stomatite ulcéro-membraneuse. Sur la muqueuse buccale les ulcères étaient très-petits, plus réguliers que celui de la langue, qui présentait l'aspect des bourgeons charnus d'une plaie en voie de guérison.

III. — On dit que la constipation et la diarrhée sont de règle ; nous croyons aussi que la constipation puisse exister dans certains cas. Mais cela ne change pas la valeur séméiotique de la diarrhée qui n'a pas manqué dans aucun des cas observés, et dans un cas d'autopsie, nous avons trouvé même une entérite ulcéreuse, les garde-robes étaient pour la plupart séreuses La dysentérie a été observée aussi. Mais faut-il rattacher ce phénomène à une complication en dehors de la maladie ou à l'effet même de la maladie ? Il est certain que si l'on tient compte de la fréquence de la diarrhée dans le scorbut, de l'altération du sang qui, étant plus fluide, peut, à travers les parois capillaires, manifester sa présence dans les selles, on ne peut pas s'empêcher de considérer la dysentérie comme une véritable complication. Cela est d'autant plus admissible que la plupart des causes capables de produire le scorbut peuvent agir aussi au développement de la dysentérie ?

IV. *Du côté du cœur*. — Dès le commencement de la maladie, les malades se plaignent de douleurs

dans la région cardiaque, et d'une faiblesse extrême
qui les empêche de se tenir debout, mais cette faiblesse ne consiste pas seulement dans les jambes, et
l'impossibilité de se tenir debout, est due en grande
partie à la menace de syncope à laquelle ils peuvent
être en butte, lorsqu'on applique la main sur la région du cœur. Les battements ont tellement perdu de
leur force qu'il est quelquefois impossible de les sentir, et, en effet, par le stéthoscope, on constate très-
bien cette faiblesse des battements ; souvent il est difficile de les distinguer, ils sont désordonnés, mal frappés, et cela s'observe aussi bien à la base qu'à la pointe
du cœur, le nombre de ces battements est un peu exa-
géré plus qu'à l'état normal, nous avons pu l'observer jusqu'à 114 par minute ; le pouls est aussi plus
fréquent et très-régulier, correspondant parfaitement
au battement du cœur, souvent il est très-faible, à
peine perceptible, rarement dicrote.

Quant au bruit de souffle, au second temps et à la
base, nous ne l'avons pas observé, et nous voyons
que M. Bucquoy (1) ne l'a [pas observé non plus :
« Pour ma part, dit-il, je n'ai rien observé de semblable, et ce fait, qui n'est mentionné nulle part, me
paraît évidemment devoir être rapporté à des complications. »

Cependant M. Leven, dans son travail qu'il a
publié sur ce sujet, dit avoir trouvé souvent un
bruit de souffle au second temps et à la base (insuffl.

____

(1) Mémoire de la Société méd. des hôpitaux.

aortique). « Ce bruit, dit-il, ne paraît que quand la maladie est en pleine évolution, et disparaît quand la maladie marche vers la guérison ; parfois on observe une dyspnée, sur laquelle Lind (1) et les auteurs anciens ont tant insisté, elle se manifeste de bonne heure et peut constituer un symptôme dangereux. » Cela est possible, mais elle n'est due à aucune alternative pulmonaire, elle tient plutôt aux phénomènes du côté du cœur, à une dégénérescence par exemple.

L'œdème des membres inférieurs est aussi très-fréquent et diffère peu de celui qu'on observe dans la plupart des états cachectiques, il est cependant plus résistant, et reçoit difficilement l'empreinte du doigt ; à ces phénomènes viennent se joindre des gonflements articulaires quelquefois douloureux ; l'articulation du genou paraît plus exposée que les autres, la douleur qui accompagne souvent cet épanchement, peut exister dans le cou-de-pied aussi bien que là où est l'épanchement, mais ce qui nous a attiré l'attention, c'est le développement considérable d'un des membres œdématiés, le côté gauche paraît être affecté plus souvent que le droit. M. Bucquoy l'a observé deux fois du côté droit, nous l'avons observé aussi une fois.

Le malade s'aperçoit tout à coup, sans cause appréciable, sans avoir fait le moindre mouvement, que son membre devient douloureux et augmente de volume, ceci pouvait parfaitement être rapporté à la

(1) Lind, A treatise on scurvy. In-8, Edimb., 1752.

phlegmatia alba dolens, mais l'aspect général du malade, la lésion de la bouche, les ecchymoses, etc., indiquaient au plus haut degré la nature de la maladie, et l'erreur n'était pas possible.

Cette augmentation du volume d'un membre paraît tenir à l'oblitération de toutes les ramifications des veines. En effet, l'autopsie faite par M. Brouardel (1) démontre que les lésions consistent dans les petites veines et non dans les grandes, c'est-à-dire dans l'oblitération des petites veines.

Nous avons pris aussi la température à quelques malades dans la période d'état, nous l'avons trouvée toujours un peu augmentée, cependant elle n'a jamais dépassé le chiffre de 39,5. Cette augmentation correspond toujours avec une soif vive et une accélération du pouls.

OBSERVATION I.

Le nommé D..., soldat de ligne, âgé de 31 ans, est entré à l'ambulance le 7 décembre, atteint d'une bronchite légère et d'une courbature qu'il attribua à un refroidissement.

Le 24, il s'aperçoit que ses gencives deviennent sensibles, gonflent et lui produisent des douleurs pendant la mastication. C'est le premier symptôme qui nous faisait penser au scorbut ; car la faiblesse qu'il présentait avant la manifestation scorbutique des gencives pouvait être rattachée à la courbature dont il était atteint dès son entrée à l'ambulance (c'est la première manifestation scorbutique chez nous).

Deux jours après, il accuse des douleurs dans les membres inférieurs ; à l'examen, nous constatons un peu d'œdème et

(1) Mémoire de la société méd. des hôpitaux, 1871.

des ecchymoses sans purpura, qui couvraient presque toute la surface des membres inférieurs, plus nombreuses du côté de la flexion; les muscles étaient d'une dureté assez intense, surtout dans les mollets, et la moindre contraction provoquait chez lui des douleurs atroces; cela mettait le malade dans l'impossibilité de quitter son lit, ne pouvant faire le moindre mouvement. Le ramollissement des gencives faisait des progrès chaque jour, et nous nous aperçûmes que la muqueuse de la langue, surtout le bord gauche et vers la pointe, présentait un ulcère fongueux d'une étendue de 3 centimètres, occupant presque toute la partie antérieure, d'une forme irrégulière, de couleur violacée, livide; les bords saignants et saillants rappelaient parfaitement l'aspect des bourgeons charnus d'une plaie en voie de guérison; ce n'était pas une complication, car le reste de la muqueuse buccale présentait aussi quelques ulcères, petits, grisâtres, plus réguliers, mais qui n'avaient pas le même aspect; c'était une véritable stomatite ulcéreuse; l'haleine qu'il exhalait était affreusement fétide; il avait, en outre, une diarrhée (5 ou 6 selles par jour). Du côté du cœur, rien de remarquable qu'une faiblesse dans les battements, la température à peu près normale, le pouls petit, normal. — Les moyens employés ne sont pas nombreux; à défaut de plantes anti-scorbutiques, nous avons employé la pomme de terre et le jus de citron, et deux fois par jour le malade se rinçait la bouche; on touchait en outre les gencives avec du perchlorure de fer pour modifier l'état de sa bouche et pouvoir l'alimenter; la diarrhée a été combattue par les préparations opiacées, et nous avons très-bien réussi; à l'intérieur on lui faisait prendre du vin de quinquina et de l'extrait de quinquina en potion. Comme alimentation on lui donnait des œufs et du lait; et au bout de quelques jours, la maladie commence à s'améliorer.

Le 2 janvier, on constate une amélioration notable des phénomènes; la diarrhée avait beaucoup diminué (2 selles par jour seulement); le gonflement et les douleurs des membres inférieurs ont diminué aussi sous l'influence de frictions opiacées; l'état de la bouche changeait aussi d'aspect; les fongosités commencèrent à tomber; l'ulcère de la langue prend l'aspect d'un ulcère simple. Une suppuration peu abondante avait précédé la guérison.

Le 18 janvier, le malade était complétement guéri. Il ne lui restait que la faiblesse qui persiste encore quelque temps après la guérison.

OBSERVATION II.

R..., soldat de la mobile, se présente à notre ambulance le 19 décembre, atteint d'une diarrhée qu'il attribue à un refroidissement. Dix jours après, il présente les symptômes suivants : faiblesse extrême, douleurs avec tuméfaction des membres inférieurs ; ecchymoses sous-cutanées en nombre variable, plus nombreuses du côtè de la flexion. Il éprouvait en outre des difficultés dans la mastication. Examinant les gencives, nous constatons un ramollissement et quelques ulcères fongueux saignant à la moindre pression; la lésion était plus saillante à la partie antérieure, car, sur les côtés, les maxillaires étant dépourvues de dents, les gencives étaient intactes; les douleurs des membres inférieurs augmentaient aux moindres mouvements, ce qui condamnait le malade à garder son lit. On voit, d'après la description des symptômes, que nous avions affaire à un scorbut qui n'avait nullement modifié la marche de la diarrhée, sa maladie primitive. Du côté du cœur, il n'y avait rien de caractéristique, bien que le malade se trouvât dans un état anémique assez avancé; cependant le bruit cardiaque et vasculaire faisait défaut, les battements du cœur un peu accélérés, le pouls fréquent et isochrone aux battements du cœur, la température un peu élevée, 38,4.

Les moyens employés consistaient dans des préparations opiacées pour combattre la diarrhée; la pomme de terre et le jus de citron ont été appliqués comme topiques sur les gencives, et à l'intérieur, outre l'alimentation appropriée, on lui faisait prendre du vin de quinquina et de l'extrait de quinquina en potion.

Le 7 janvier, la maladie commençait à s'améliorer sous l'influence de ce traitement; la diarrhée avait beaucoup diminué; deux garde-robes seulement par jour; le gonflement des membres ainsi que la douleur avaient perdu beaucoup de leur intensité et le malade pouvait plus facilement prendre du sommeil; l'état des gencives, moins intense, marchait vers la guérison.

Le 15 janvier, le malade était complétement guéri. Cependant, la convalescence a été assez longue, et le rétablissement complet ne s'effectua que vers le mois de février, époque à laquelle il quitta notre ambulance pour aller reprendre son service.

OBSERVATION III.

Le nommé X..., garçon chapelier, enrôlé volontaire dans un bataillon de zouaves, entre à l'ambulance de Longchamps le 22 janvier, blessé à la bataille de Montretout. A côté de sa blessure il présentait aussi quelques symptômes de scorbut, savoir : un teint livide, la peau mate, une faiblesse très-intense, les lésions du côté des gencives très-peu prononcées, l'appétit conservé, point de diarrhée ni d'ecchymoses; les battements du cœur précipités et tellement forts que le malade ne pouvait pas dormir.

Le 25, nous constatons quelques ecchymoses sur les membres inférieurs; les gencives et la muqueuse de la voûte palatine un peu ramollies; la diarrhée commence à se montrer, quatre ou cinq garde-robes séreuses par jour, le pouls 75 par minute, la température 38,1; le malade ne se nourrit que de soupe et de légumes secs, ne pouvant que très-difficilement manger de la viande, à cause de l'état de ses gencives.

Le 28, le malade est très-pâle, les membres inférieurs commençaient à gonfler, surtout dans les grandes articulations; le ramollissement des gencives faisait des progrès et donnait lieu à un écoulement sanguin toutes les fois qu'une légère pression s'exerçait sur la lésion; l'état du malade n'avait rien changé à la nature de la blessure qui n'était, du reste, que peu grave; quant au traitement, une des premières conditions qu'il y avait à remplir, c'était de modifier l'état des gencives pour pouvoir l'alimenter; et en effet, nous avons très-bien réussi avec la solution de perchlorure de fer, à la dose d'un gramme; pour les douleurs des membres inférieurs, l'alcool camphré a rendu de grands services, la diarrhée avait diminué aussi sous l'influence des préparations opiacées; quant à ses palpitations et l'insomnie, qui était une cause puissante d'affaiblissement, nons avons administré le bromure de potassium à la dose de 4 grammes avec beaucoup de succès; à partir de ce moment le malade pouvait plus facilement prendre du sommeil.

Le 5 février, le malade va un peu mieux, il commence à s'asseoir dans son lit, l'état des gencives sensiblement amélioré, la diarrhée ne persistait que par deux garde-robes par jour, les battements du cœur reprennent leur rhythme habituel, le malade dort bien et commence à manger de la viande, le vin de quinquina n'a jamais fait défaut dans notre traitement.

Le 12 février, il était presque guéri, si ce n'est que la faiblesse persiste encore. Le gonflement et les echymoses avaient complètement disparu.

Le 25, il quitta l'ambulance, plus ou moins rétabli, non pas tout à fait en état de reprendre son service, car la faiblesse persistait encore le jour de sa sortie et la marche lui produisait de la fatigue; nous l'avons vu quelques jours après frais et bien portant, il nè présentait aucune trace de sa maladie, qui a duré trente-cinq jours. La véritable cause était l'usage prolongé de viande salée, car il nous avait raconté que pendant très-longtemps il a été nourri avec du lard salé qui était très-commun dans l'armée.

OBSERVATION IV.

Le nommé L..., soldat artilleur, âgé de 28 ans, est entré à notre ambulance le 26 décembre, atteint d'une pneumonie droite. A cette maladie, déjà grave, vinrent s'ajouter quelques symptômes du scorbut, c'est-à-dire faiblesse excessive, dyspnée, fièvre intense 39-5, le pouls fréquent, 115 par minute, douleurs dans les membres inférieurs accompagnées de gonflement ; des ecchymoses très-nombreuses sur les extrémités, plus nombreuses sur les cuisses ; quelques taches de purpura sur les membres inférieurs et supérieurs, plus intenses au niveau des articulations ; les muscles présentaient une dureté extrême, ce qui rendait les mouvements impossibles ; le ramollissement des gencives va en s'aggravant, de petits écoulements sanguins ont eu lieu pendant quelques jours ; l'aspect général du malade rappelle celui d'une anémie à son plein développement ; une insomnie continue avec délire aggrave encore la position du malade ; les battements du cœur désordonnés, mal frappés, 114 par minute ; le pouls n'était pas isochrone aux battements du cœur. Tous ces symptômes n'ont pas diminué sous l'influence d'aucune médication.

Le 2 janvier, le malade a eu quelques épistaxis. L'état des gencives mettant le malade dans l'impossibilité de pouvoir manger, il exhalait une odeur très-fétide ; les douleurs augmentent aux moindres mouvements, le purpura et les ecchymoses gagnaient d'étendue, la diarrhée était très-intense et les selles presque sanguinolentes ; les hémorrhagies de la bouche continuent avec plus d'intensité, à tel point que le 13 du mois, le malade est emporté épuisé par la perte du sang qui avait lieu, d'une part, par la bouche, et d'une autre, par la diarrhée.

Le 14, à l'autopsie, nous constatons que la peau laissait écouler une petite quantité de sérosité, les muscles étaient décolorés, comme macérés ; dans les intervalles, on trouvait de petits épanchements sanguins, les cavités séreuses contenaient aussi une certaine quantité de sérosité qui précipitait par la chaleur ou l'acide nitrique une petite quantité d'albumine ; le poumon droit présentait l'altération d'une pneumonie au second degré, le cœur plus volumineux qu'à l'état normal, les parois, plus épaisses, correspondant à un agrandissement des cavités : en un mot, un commencement d'hypertrophie ; les fibres musculaires présentaient aussi quelques granulations grisâtres, le foie, les veines et la rate étaient aussi plus volumineux ; on remarquait à leur surface quelques granulations de petites dimensions, le système articulaire intact.

OBSERVATION V.

M..., soldat de ligne, âgé de 24 ans, se présente, le 3 janvier, à notre ambulance, avec quelques symptômes de scorbut, qu'il attribua à l'humidité et à la mauvaise nourriture ; il nous raconte que pendant tout l'état de siége il a souffert le froid et la fatigue, que la plupart du temps il était obligé de coucher dans les tranchées où il ne pouvait pas éviter l'humidité du sol, et qu'il a toujours été très-mal nourri, enfin qu'il est malade ; depuis trois jours, il sentait ses pieds très-lourds. A son arrivée, il était dans un état de débilité complète, la face pâle, anémique ; les gencives un peu ramollies présentaient quelques petits ulcères fongueux, ce qui l'empêchait de manger ; les membres inférieurs portaient des ecchymoses sous-cutanées disséminées en plus grand nombre sur les cuisses, les mollets durs et douloureux ; il avait en outre une diarrhée (4 ou 5 selles par jour) qu'il disait avoir depuis quatre jours ; avant son entrée à l'ambulance, les mouvements lui étaient presque impossibles, et quand il se mettait debout il chancelait absolument comme un homme en état d'ivresse ; il avait aussi le vertige. Du côté du cœur, rien de remarquable, les battements étaient assez réguliers, un peu obscurs seulement ; le pouls petit, faible 72 par minute, point de fièvre, le sommeil difficile. Nous avons suivi le même traitement, c'est-à-dire combattre la diarrhée, modifier l'état des gencives, chercher à lui procurer le sommeil dont il avait grand besoin, tâcher de lui diminuer les douleurs des membres par des frictions calmantes. Voilà les indications. Au bout de quelques jours, son état s'était beaucoup amélioré.

Le 20 janvier, les gencives commencent à reprendre leur état normal, la diarrhée avait diminué, ainsi que les douleurs des membres, les ecchymosesmenmo cçaient à disparaître, il pouvait manger et dormir avec plus de facilité ; cet état dura encore quelques jours, la faiblesse seule persiste quoique les toniques n'aient pas manqué dans le traitement, ce qui rendait la marche impossible.

Le 25, les gencives avait acquis leur dureté normale, les douleurs et les ecchymoses disparurent complétement ainsi que la diarrhée, il n'avait plus qu'une selle par jour ; la faiblesse persista encore jusqu'au 30 janvier, époque à laquelle il quitta l'ambulance, complétement rétabli et prêt à reprendre son service. La maladie ne dura que 31 jours, et la seule cause reconnue est la même que dans les autres cas observés.

OBSERVATION VI.

M..., soldat mobile Breton, âgé de 25 ans, se trouvait à notre ambulance en traitement d'une courbature depuis le 19 décembre. Ce malade était très-sombre, il gardait continuellement son lit, et ne prenait jamais part à la conversation qui se passait tous les jours dans la salle. Le 26 il nous dit qu'il a de la peine à manger, bien qu'il ne mangeât pas beaucoup et surtout que la mastication le fît saigner des gencives, le même jour, il avait eu deux épistaxis. En examinant les gencives, nous trouvons les lésions propres du scorbut, des ulcères fongueux, livides, une haleine fétide, etc., les membres inférieurs couverts d'ecchymoses sous cutanées, les muscles d'une dureté considérable, accompagnés d'une infiltration œdémateuse, la peau se laissait facilement impressionner par le doigt, laissait une empreinte absolument comme dans une hydropisie généralisée. Le même jour une diarrhée se montre par 5 ou 6 selles par jour ; du côté du cœur, les symptômes n'étaient pas bien accusés, on remarquait seulement une obscurité dans les battements qui étaient irréguliers, mal frappés, son pouls petit, dépressible, 72 par minute, la température normale. Le même traitement a été appliqué faute de mieux, et la maladie a été enrayée, seulement avec plus de lenteur, à cause du mauvais état dans lequel se trouvait notre malade (nostalgie), on n'a pu voir une amélioration sensible qu'après 15 jours de traitement : à ce moment on voyait les symptômes diminuer graduellement. Cet état dura encore 10 jours, et le 21 janvier il était pour ainsi dire guéri de sa maladie, mais la prostration était la même qu'avant le scorbut, le malade toujours retiré des autres, ne quittant jamais son lit, et quand on le faisait marcher un peu, il éprouvait des vertiges et retournait vite à son lit qu'il venait de quitter.

Il resta à l'ambulance jusqu'à l'époque où par ordre, nous devions envoyer les convalescents en province, c'est-à-dire vers le mois de mars. C'est alors qu'il quitta son habitation pour aller dans son pays, toujours faible et peu solide sur ses jambes.

Un mois se passa ainsi, lorsqu'un de ses compatriotes est venu nous apprendre que le malade en question est mort dans sa famille, trois jours après son arrivée

Nous devons dire, en terminant cet historique que le malade présentait, à son départ des signes d'un commencement de phthisie, et il est probable, qu'il est mort à la suite de cette affection.

OBSERVATION VII.

M..., soldat de ligne, âgé de 27 ans, se trouvait à notre ambulance depuis le 19 novembre, en traitement d'un rhumatisme articulaire aigu, lorsque le 2 décembre il commence à présenter des symptômes du scorbut, une dyspnée accompagnée d'un affaiblissement considérable ; douleurs sourdes dans les membres inférieurs, ecchymoses ; la lésion scorbutique des gencives faisait défaut, en revanche il avait une diarrhée 4 ou 5 selles séreuses par jour. Ce malade nous raconte que pendant très longtemps il a souffert du froid, et que la nourriture lui était toujours insuffisante ; durant son séjour à l'ambulance, il était sous-

trait au froid et à la fatigue, et la nourriture était incontestable-
ment meilleure que celle qu'il avait étant dehors. Cependant
le scorbut par une cause connue, se déclare avec tous les
symptômes excepté la lésion des gencives. Quelle était donc cette
cause qui a favorisé le développement de la maladie ? Nous
avons dit qu'il n'y avait que deux choses qui pouvaient être in-
voquées. comme ayant une influence certaine sur la production
du scorbut chez nous, c'était l'usage prolongé de viande salée
et la privation des végétaux frais et pendant une période assez
longue, nos malades ont fait usage de viande salée et vers la
fin du siège, de cheval salé ; ce n'est que l'absence de ces
deux choses (viande et végétaux frais), qui est cause du scorbut chez nous. Cependant les phénomènes n'étaient pas très intenses du côté du cœur, il avait un bruit de souffle au premier
temps et à la base, tenant évidemment au rhumatisme, et non
pas au scorbut, car il a manqué dans tous les autres cas ; le
pouls petit, 12 par minute, la température normale ; les muscles des membres inférieurs, un peu durs et douloureux: cette
dureté tenait évidemment à des épanchements sanguins, dans
la trame même des muscles. L'œdème des membres inférieurs
ne s'est pas montré. Le même traitement a été suivi pendant
15 jours, avec beaucoup de succès, les ecchymoses avaient disparu les premières, les muscles prenaient leur propriété
contractile.

Le 18 décembre, le malade pouvait marcher un peu, mais il
était peu solide sur ses jambes ; en outre, lorsqu'il restait
longtemps debout, il éprouvait des vertiges, et quelques nau-
sées mais pas de vomissement. Le traitement à été continué
pendant 40 jours, et le malade quitta l'ambulance le 12 janvier, prêt à reprendre son service , et nous savons qu'il a pris
part à l'affaire de Montretout qui eut lieu le 20 janvier, car
après il est venu encore à l'ambulance pour passer quelques
jours.

OBSERVATION VIII.

Le nommé M..., soldat de la mobile, se présente le 23 janvier à notre ambulance, avec quelques symptômes de scorbut, une odeur très-fétide, faiblesse générale, il pouvait à peine exécuter quelques mouvements; les membres inférieurs présentaient un peu d'œdème et quelques ecchymoses, les muscles durs, surtout vers le mollet, et la pression lui provoquait de la douleur. Ce malade nous raconte qu'étant au fort de Montrouge il a couché pendant longtemps dans les casemates, où il a beaucoup senti le froid et l'humidité, que la nourriture lui était presque toujours insuffisante, qu'il a consommé beaucoup de lard salé, qu'en fait de légumes il n'avait que du riz; en un mot, il avait la nourriture commune à tous les soldats, et il attribue sa maladie au froid et à la fatigue. Cependant le scorbut n'avait pas atteint son maximum de développement, il n'y avait rien du côté du cœur, pas de fièvre; mais la diarrhée ne tarda pas à se montrer par 4 ou 5 selles par jour, l'insomnie était presque continue. Le malade a été soumis au même traitement et à une alimentation substantielle, et les phénomènes au lieu d'acquérir leur complet développement, ont beaucoup diminué, sous peu de jours, 7 ou 8 ; mais la lésion scorbutique des gencives a beaucoup influencé et hâté une carie dentaire qui a déterminé la chute de la dent; la diarrhée était guérie au bout de 16 jours de traitement, l'œdème et les ecchymoses des membres inférieurs ont disparu aussi; bien que la faiblesse persistât encore après 16 jours de traitement, cela mettait notre malade dans l'impossibilité de quitter son lit.

Le 7 février il lui survient un oreillon dans la région parotidienne gauche, que nous rattachons à une complication: une pommade iodée comme topique l'a fait disparaître après 5 jours de friction.

Enfin le 17 février le malade quitta l'ambulance, complétement guéri, mais la faiblesse persista encore le jour de sa sortie, mais avec moins d'intensité.

OBSERVATION IX

C..., marin, âgé de 24 ans, est entré le 15 janvier à l'ambulance, il nous dit avoir fait le service des tranchées pendant deux mois, que pendant ce temps sa nourriture se composait de viandes salées et de cheval, des haricots et du riz, et que la fatigue lui a été toujours défavorable ; actuellement il présente le teint blafard, les muqueuses pâles et décolorées, les gencives très-ramollies et fongueuses répandent une odeur caractéristique, la faiblesse est excessive, il est incapable de s'asseoir dans son lit, les membres inférieurs, tuméfiés et douloureux, étaient couverts decchymoses en grand nombre, perte d'appétit, la diarrhée continue 6 ou 7 selles par jour, les battements du cœur faibles, obscurs, mal frappés, les pulsations petites dépressibles, 82 par minute, la température 37,6.

Le 22, après un traitement dirigé avec soin, la maladie se trouvait enrayée, les symptômes commencèrent à diminuer, les gencives changent d'aspect, les fongosités commencent à tomber, et quatre dents qui étaient cariées déjà sont tombées avant les fongosités ; la diarrhée diminuait chaque jour (2 selles seulement par jour,) l'œdème et les ecchymoses disparaissent aussi, l'appétit revient, et le malade regagne le sommeil, la faiblesse paraît moins intense.

Le 28. Les gencives ont presque recouvert leur fermeté naturelle, mais les dents sont tombées en grand nombre, les ecchymoses ont complétement disparu, les douleurs ont diminué, mais les mouvements sont encore difficiles à cause de la faiblesse qui persiste encore ; la diarrhée a diminué aussi et on pourrait dire que le malade est guéri si la faiblesse ne l'empêchait pas de marcher.

Dans le courant de février, lorsque les provisions sont arrivées, on sait que les établissements hospitaliers ont été les premiers à profiter de ces aliments, et nos malades, qui pour la plupart se trouvaient dans un état de débilité excessive, ont pu réparer leurs forces avec les provisions mises à notre dis-

position : aussi notre malade en question ne quitta l'ambulance que vers le mois de mars parfaitement rétabli, et son
aspect général ne conservait plus de traces de sa maladie,
qui a eu une convalescence assez longue et qui reconnaît la
même cause.

OBSERVATION X.

N..., marin, âgé de 26 ans, se présente chez nous malade
depuis trois semaines, il nous raconte que durant le siége, il
a fait le service des tranchées, où il a beaucoup souffert du
froid et de l'humidité ; que sa nourriture se composait de
salaisons, haricots et riz. Actuellement, 11 janvier, il présente
la face pâle, blême, les muqueuses décolorées, les gencives
ramollies, les membres inférieurs œdématiés douloureux, des
ecchymoses très-nombreuses sur les cuisses et la peau des
mollets, faiblesse extrême, le pouls petit, régulier, 76 par minute, les bruits du cœur normaux, un peu sourds, remarqua-
bles par leur peu de régularité, appétit perdu, diarrhée assez
intense, six à sept selles séreuses par jour, point de fièvre ni de
purpura. Le même traitement a été institué avec beaucoup
de soin et continué pendant vingt jours, et les symptômes ont
beaucoup diminué.

Le 2 février, il ne présente qu'une faiblesse, les membres
inférieurs ont perdu leur tuméfaction, les douleurs ont diminué ainsi que la diarrhée, une selle par jour, les gencives
sont presque guéries, mais le ramollissement a causé la chute
de deux incisives, les ecchymoses ont disparu, l'appétit re-
naît, et le sommeil revient.

Le 7. Il essaie de marcher, mais la faiblesse d'une part, le
vertige d'une autre, le forcent de retourner à son lit qu'il
avait à peine quitté, cependant il prend deux fois par jour du
vin de quinquina et une alimentation assez substantielle et son
rétablissement fait des progrès.

Le 11. Il commence à marcher, il se promène deux fois
par jour dans le jardin, qu'il croit lui faire du bien, et ce

n'est que le 18 qu'il a pu quitter notre ambulance pour aller rejoindre son corps. Nous l'avons vu quelque temps après dans un rétablissement tel, qu'il était difficile de croire qu'il a été malade du scorbut, une maladie débilitante par excellence ; aussi sa maladie dura près de deux mois : la cause se rattache toujours à l'usage prolongé de viandes salées et la privation de végétaux frais; la fatigue était évidemment pour quelque chose, car les causes quelles qu'elles soient agissent plus efficacement sur un organisme affaibli.

Nous croyons aussi devoir publier l'observation suivante qui appartient à M. Bucquoy (1), dans laquelle il a trouvé une forme nouvelle des lésions de la bouche, une véritable stomatite ulcéro-membraneuse, sur une jeune fille éminemment scrofuleuse.

M..., âgée de 17 ans, lingère, entrée le 1er février, salle Saint-Philippe, n° 4. Cette jeune fille offre toutes les apparences d'une constitution éminemment scrofuleuse, elle n'est pas encore réglée, elle était bien portante, d'ailleurs, avant le siége.

M..., habite depuis quatre mois et demi le même asile que la précédente (obs. 1). Nourrie exclusivement comme sa compagne depuis l'investissement, de pain et de riz, elle ne buvait aussi que de l'eau, elle n'est pas sortie une seule fois de l'établissement depuis le siége et veille souvent fort tard, car elle n'a l'autorisation de se coucher que lorsqu'elle a fait trois chemises dans sa journée.

Depuis le mois de décembre faiblesse excessive, douleur dans les genoux, le dos et la poitrine.

A son entrée à l'hôpital la peau était chaude et le pouls fréquent ; les genoux et les pieds gonflés et douloureux ; on constatait dans le genou gauche un peu d'épanchement, malgré le gonflement des genoux ; jambes étaient fortement flé-

(1) Mémoires lus à la Société méd. des hôpitaux.

chies sur les cuisses en raison de la rétraction persistante de fléchisseurs. Çà et là quelques pétéchies disséminées sur les membres inférieurs. La malade se plaignait beaucoup de souffrir de la bouche, la muqueuse buccale était en effet tuméfiée, d'une rougeur extrêmement vive, surtout au niveau des gencives et de la partie interne des lèvres; par places on trouvait des ulcérations recouvertes d'un enduit pseudo-membraneux.

Au bout de quelques jours, les gencives se tuméfient davantage, elles prennent un caractère fongueux évident, et saignent avec facilité. Haleine très-fétide, mais pas d'ébranlement des dents. Malgré la fièvre qui persiste pendant quelque temps la malade accuse une faim dévorante, que l'état de sa bouche ne l'empêche pas de satisfaire. Des ecchymoses se manifestent sur les membres inférieurs, douleurs vives dans les articulations et dans la continuité des membres; diarrhée assez fréquente, pas de dyspnée ; bruits du cœur normaux; pas de souffle dans les vaisseaux, pas d'hémorrhagies. Les accidents articulaires (gonflement, douleur, rétraction) presistent pendant près d'un mois, au bout duquel la convalescence s'établit, et marche rapidement.

Traitement, le stomatite ulcéro-membraneuse est d'abord traitée inutilement par le chlorate de potasse. Le jus de citron au contraire modifie rapidement le mauvais état des gencives et de la muqueuse buccale. Toniques : vin et alimentation abondante. Légumes et cresson aussitôt qu'il a été possible. Pendant la convalescence, jus de citron à l'intérieur ; vin coupé avec la solution de tartrate ferrico-potassique. Vésicatoires répétés sur les articulations malades ; leur cicatrisation se fait rapidement ; ils donnent une sérosité citrine, leur application ne favorise pas le développement de pétechies ou d'ecchymoses.

Le 20 mars la malade sort complétement guérie.

MARCHE.

Le scorbut n'a pas une marche déterminée, il va
en s'aggravant si l'art n'intervient pas ; en effet l'hygiène a une influence puissante pour enrayer la maladie et empêcher son développement complet. Car
toutes les fois que l'art intervenait, on voyait
que les phénomènes, au lieu d'acquérir leur plein
développement, diminuaient beaucoup sous l'influence d'un traitement bien dirigé, parmi les cas qui
nous venaient du dehors. Nous avons constaté que
dès que le traitement était institué, la maladie était
enrayée dans sa marche et que jamais elle n'a pas
atteint son maximum de développement.

DURÉE.

La durée du scorbut varie de vingt, trentre-cinq
ou quarante jours ; cependant, dans les cas graves,
lorsque les causes déterminantes agissent plus longtemps, ou que la maladie arrive à son plein développement, la durée est plus longue et peut même en-
traîner les malades au tombeau, en dehors de toute
complication. Mais, ce qui est important à noter, c'est
la faiblesse qui résulte, par le fait même de la maladie, qui constitué une convalescence assez longue,
convalescence qui pouvait faire l'office d'une cause
prédisposante à la récidive. Par conséquent le scor-

but récidive, on dit même que la première attaque constitue une véritable prédisposition à la maladie ?

TERMINAISON.

La terminaison du scorbut dépend des conditions dans lesquelles se trouvent les malades, des moyens qu'on peut lui opposer, et des complications qui peuvent déterminer une terminaison funeste. D'une manière générale, on peut dire que le scorbut tend vers la guérison, quand on peut alimenter le malade convenablement; mais si, à côté de la maladie, on a encore des conditions défavorables à la maladie, qu'on ne peut pas combattre ou modifier, comme cela est arrivé pendant le siége, c'est-à-dire que les malades se trouvaient toujours sous l'influence des causes comme le froid, mauvaise alimentation, etc. ; la maladie se termine presque toujours d'une manière fatale. Nous avons observé chez nous un seul décès, il s'agissait d'un malade qui, pendant le cours d'une pneumonie droite, présentait des symptômes du scorbut, et nous croyons que la véritable cause était la pneumonie et non pas le scorbut. C'est donc une complication qui a emporté le malade.

DIAGNOSTIC.

Le diagnostic du scorbut n'est pas difficile, cependant au début, lorsque les phénomènes caractéristiques de la maladie ne sont pas bien tranchés, elle peut présenter quelques difficultés et on peut facilement le confondre avec un rhumatisme, surtout si le gonflement d'une articulation vient se joindre aux douleurs qu'éprouve le malade, mais l'apparition des ecchymoses, des lésions gingivales, etc., confirme au plus haut degré la maladie, et l'erreur n'est plus possible.

Cependant il y a une maladie qui présente de grandes ressemblances avec le scorbut; nous voulons parler du purpura, et Grisolle (1) dit qu'il est impossible de ne pas confondre le purpura avec le scor but, et de ne pas les considérer comme des affections identiques, « et comment, dit-il, regarder comme étant de nature distincte, des maladies dont les principaux symptômes sont communs; » cependant il n'est pas rare de voir des malades atteints de scorbut, sans que, pour cela, il soit nécessaire de voir du purpura, et nous avons observé souvent des scorbutiques qui présentaient des lésions gingivales, des ecchymoses, gonflement des membres, etc., et qui n'avaient pas de purpura; nous croyons que ce dernier n'est pas caractéristique de la maladie, et quand il existe, on peut le rattacher à une complication plutôt.

Il n'est pas rare de voir des malades qui ne présentent pas tous les symptômes réunis. Ainsi les lésions des gencives peuvent faire défaut; d'autres

(1) Path. interne, t. I, 1862, p. 749.

fois ce sont les ecchymoses qui manquent ; ce qui caractérise la maladie, ce sont des phénomènes de quatre ordres, savoir : faiblesse extrême et obscurité des battements du cœur ; hémorrhagies sous-cutanées et musculaires ; ramollissement des gencives ; la diarrhée : donc un de ces phénomènes peut manquer et la maladie exister par le fait.

PRONOSTIC.

Le scorbut peut être considéré comme une maladie grave, et la gravité est en raison directe du nombre des hémorrhagies et leur abondance, ainsi que de la faiblesse des malades, surtout lorsqu'on ne peut pas les soustraire aux causes qui ont présidé au développement de la maladie. Mais l'épidémie observée pendant le siége de Paris a été d'une extrême bénignité ; malgré les mauvaises conditions qui entouraient les malades, la mortalité n'a pas été considérable, elle a fait plus de ravages dans les prisons que dans les hôpitaux : cela s'explique facilement parce que les détenus ont été les premiers à sentir les effets du siége et de la privation, et les derniers à profiter de l'arrivée des provisions dans Paris. C'est à la fin du siége seulement que la maladie a été enrayée dans les prisons.

COMPLICATIONS

Le scorbut peut se compliquer d'une dysentérie rebelle et aggraver l'état du malade, tel fut le cas que nous avons observé et qui a été emporté en quelques jours sous l'influence de cette complication. Une hydropisie générale peut encore compliquer le scorbut et hâter une terminaison funeste. D'après le relevé statistique, les hommes paraissent avoir été plus exposés que les femmes et les enfants, l'âge et la constitution des malades n'ont pu en aucune façon modifier la nature de la maladie et sa marche ordinaire.

TRAITEMENT.

Le scorbut dit Grisolle (1), est une maladie dont l'homme peut le mieux se préserver lorsqu'il s'entoure des conditions hygiéniques favorables ; en temps ordinaire nous croyons aussi que l'on peut éviter le scorbut, lorsqu'on dispose des moyens nécessaires ; mais, dans une ville assiégée, comme cela s'est vu à Paris, comment pouvait-on se préserver ? Un air sec, des vêtements chauds, une bonne alimentation ; voilà les préservatifs, mais durant le siége on n'avait rien de tout cela ; le premier de ces préservatifs, l'air sec, on pouvait évidemment se le procurer plus ou

(1) Path. interne, t. I, 1862, p. 749.

moins, mais le soldat qui était obligé de monter la garde, de garder les forts, ou coucher dans les tranchées se trouvait justement dans les conditions contraires. Le second préservatif : les vêtements chauds, les vêtements n'ont pas été assez chauds pour correspondre au degré de température existant pendant le siége ; ajoutez à cela le manque de combustibles ; or, qu'est-ce qui n'a pas souffert du froid ? Nous ne parlons pas du soldat, qui couchait à la belle étoile, qui n'avait même pas de la paille pour éviter l'humidité du sol, mais, des particuliers ; ne sait-on pas que non-seulement les maisons privées, mais les établissements hospitaliers, manquaient souvent de combustibles ! Le troisième préservatif, une bonne alimentation : ici on peut dire sans craintede se tromper que l'alimentation n'a jamais été bonne durant le siége et pour notre part nous ne connaissons personne qui puisse dire : Moi ! je n'ai pas souffert, j'ai toujours été bien nourri ! Le pain qui constitue pour ainsi dire a base de l'alimentation était immangeable, et nous croyons bon de reproduire ce que nous trouvons dans l'*Union médicale.* « Le pain, l'aliment du peuple français est devenu impossible. Examiné au microscope ou seulement à la loupe, on trouve dans cette masse noirâtre, compacte et lourde qu'on nous distribue tous les matins, toute une encyclopédie végétale ; toutes les céréales de la création y sont représentées non-seulement, hélas ! avec leurs principes farineux, mais encore avec les enveloppes de leur graines et quelquefois avec leur tige ; nous ne savons, en vérité, ajoute le même journal dans son numéro du 11 février, quel conseil d'hygiène avait été consulté préalablement au décret du Gouvernement qui fixait la ration de pain à 300 grammes, nous aimons à penser qu'aucun véritable hygiéniste n'a donné un conseil semblable, pas plus que celui de distribuer pendant un mois à une population de 2 millions d'habitants cette masse informe, chaotique, ironiquement désignée sous le nom de pain. M. le professeur Bouchardat répond dans ces termes (1), que l'hygiéniste qui avait donné le conseil de distribuer un tel pain s'appelait la « NÉCESSITÉ. »

Voilà en quoi consistait l'alimentation pendant le siége, peut-on dire qu'elle était bonne? Pouvait-on se préserver du scorbut? A cela on peut aisément répondre par la négative, donc l'épidémie était inévitable, et c'est lorsque le froid était intense, les provisions presque épuisées, les privations de toute sorte au grand complet, que le scorbut éclata, c'est-à-dire vers le mois de décembre.

Pour revenir à notre sujet, nous dirons que le traitement de cette maladie suivi pendant le siége a été fort simple, et les moyens employés avec quelque succès se divisent naturellement en deux : des moyens hygiéniques et des moyens thérapeutiques.

Les premiers consistaient à soustraire les malades de tout ce qui pouvait leur être défavorable, c'est-à-dire au froid et à l'humidité, à ce point de vue nos

(1) Annuaire de thérapeutique pour 1871 et 1872.

malades se trouvaient dans de bonnes conditions et si des fois les combustibles venaient à manquer, la chaleur nécessaire que réclamait leur état ne faisait pas défaut, parce qu'on pouvait se la procurer par d'autres moyens ; comme alimentation on évitait d'abord les aliments qui demandaient une mastication difficile, cela n'était pas en rapport avec les lésions scorbutiques des gencives qui n'ont jamais manqué chez nos malades.

M. Delpech (1), dit qu'à défaut de pommes de terre, il a employé la betterave, qu'il pouvait se procurer, et chaque jour on mettait 5 kilogr., dans le bouillon à la maison de correction, et il a obtenu des effets favorables; chez nous, la pomme de terre et les citrons, ne nous ont pas fait complétement défaut, et deux fois par jour les malades se rinçaient la bouche ; on leur donnait en outre du lait et des œufs que les frères mettaient à notre disposition toutes les fois que le besoin se faisait sentir. Ce qu'on ne pouvait pas leur donner, c'était la viande fraîche et les plantes vertes, comme le cresson, etc.; mais quand le scorbut éclata, il y avait longtemps que les provisions étaient épuisées, et le froid a été pour beaucoup dans le peu de succès qu'on a eu dans la culture au sein de l'enceinte. Pendant l'épidémie de Crimée (2), M. Scrive, pour combattre le scorbut qui faisait de grands ravages dans l'armée, fit prescrire aux soldats

(1) Annales d'hygiène de 1871.
(2) Scrive, op. cit., p. 391.

de récolter le pisenlit qui était très-répandu dans cet endroit ; ce végétal rendit de grands services, et sous son influence le nombre de scorbutiques fut beaucoup diminué. La famille de crucifères ne paraît pas jouir des propriétés anti-scorbutiques auxquelles pouvait faire croire son antique réputation ; cependant quelques plantes, comme le cresson et le raifort, paraissent avoir une influence notable sur la maladie en tant qu'effet local.

Comme moyens thérapeutiques, la première condition à remplir, c'était de modifier l'état des gencives pour que l'alimentation soit plus facile ; le perchlorure de fer a parfaitement bien rempli ce rôle ; deux fois par jour on touchait les gencives avec ce médicament, et on évitait par ce moyen des hémorrhagies qui pouvaient survenir sous l'influence d'une cause mécanique ou organique ; il rendait aussi aux gencives leur fermeté ; le quinquina (vin ou extrait) a constitué pour ainsi dire la base de notre traitement ; presque tous les malades, même ceux qui n'étaient pas atteints du scorbut, mais qui nous arrivaient dans des conditions déplorables, affaiblis par le froid, la fatigue et la mauvaise nourriture, qui avaient besoin des toniques pour relever leur forces, prenaient du vin de quinquina, et on voyait en effet les pauvres soldats regagner des forces, et, *suffisamment* se rétablir pour pouvoir reprendre leur service ; la diarrhée qui accompagnait presque toujours nos scorbutiques a été combattue par les préparations opiacées, comme le diascordium et la poudre de Dower, etc. Dans les cas d'œdème de membres inférieurs, nous avons employé avec beaucoup de succès le nitrate de potasse jusqu'à 6 gr. et plus dans la tisane, et quelquefois la teinture de digitale, de un à deux grammes dans une potion calmante. Contre les douleurs de membres inférieurs, quelques frictions opiacées suffisaient pour les voir diminuer, et nous avons toujours réussi avec le baume tranquille et quelques gouttes de laudanum, de Sydenham ; par ce moyen on procurait le sommeil nécessaire aux malades qui s'affaiblissaient de plus en plus sous l'influence de l'insomnie ; on leur donnait en outre tous les soirs une pilule de cynoglosse ; après chaque friction on couvrait les membres avec de la ouate pour éviter un refroidissement ; cependant nous devons ajouter que malgré toutes les ressources dont l'art dispose, il est des cas où elle est complète-ment impuissante et il n'y a pas longtemps qu'un jeune homme venant de la Cochinchine, atteint du scorbut, est entré à l'hôpital de la Charité ; nous avons pu le voir plusieurs fois, dans le service de M. le professeur Sée, où il est mort, épuisé par des hémorrhagies continues des gencives et une entérite ulcéreuse. C'est le cas le plus grave que nous ayons jamais vu, bien que les soins les plus assidus aient été dirigés ; malgré cela la maladie faisait des progrès chaque jour, il avait tellement perdu du sang que son aspect rappelait celui d'une statue en cire. Les gar-garismes astringents n'ont pas rendu les services qu'on en attendait, aussi nous les avons très-peu em-ployés. Dans la stomatite ulcéreuse (obs. 1), nous avons essayé d'abord par un gargarisme au chlorate de potasse 4 gr.; mais, voyant qu'il ne faisait aucun effet, nous avons eu recours aux autres moyens propres aux lésions scorbutiques, ce qui prouve que ce n'était pas une complication, mais bien une lésion appartenant au scorbut au même titre que le ramollissememt des gencives.

CONCLUSIONS.

L'épidémie du scorbut observée pendant le siége de Paris, reconnaît pour causés le froid, l'usage prolongé de viandes salées et la privation de végétaux frais. Son apparition dans de semblables conditions, était inévitable.

Les symptômes observés ne sont pas différents de ceux observés jusqu'à ces jours, excepté la stomatite ulcéreuse observée par M. Bucquoy et par nous, et qui devait prendre place à côté des phénomènes que l'on peut observer dans le scorbut.

L'anatomie pathologique consiste dans une altération du sang. L'analyse faite par Chalvet a démontré que l'augmentation de la fibrine et la diminution des globules est un fait acquis par la science. La déminéralisation demande de nouvelles recherches.

L'épidémie a été d'une extrême bénignité; on n'a pas eu déplorer de grandes pertes; car, toutes les fois qu'un traitement convenable intervenait, la maladie était enrayée dans sa marche.

Les moyens employés avec succès sont une alimentation substantielle et en rapport avec l'état des gencives : le jus de citron, la pomme de terre et le perchlorure de fer ; comme topiques, le quinquina (vin ou extrait) et les préparations opiacées à l'intérieur ont rendu d'immenses services. Les gargarismes astringents ont été peu utiles.

TABLEAU STASTISTIQUE SUR LE SCORBUT.
(Epidémie de 1871).

Pour justifier ce que nous avons dit plus haut en parlant du pronostic, c'est-à-dire que l'épidémie a été d'une extrême bénignité, il suffit de mentionner en quelques mots les chiffres donnés par M. le professeur Lasègue et son chef de clinique M. Legroux, observés à la Pitié et à Sainte-Pélagie. Ainsi 83 malades ont été traités, dont 57 à Sainte-Pélagie, et 26 dans le service de la clinique de la Pitié (22 hommes et 4 femmes).

Sur ces 83 cas, 66 furent primitifs, 17 secondaires.

Sur les 66 primitifs, on compte 11 cas graves, 29 cas de moyenne intensité, 26 cas légers (un seul décès sur les 11 graves.)

Parmi les 17 cas secondaires, 6 furent légers, 7 de moyenne intensité et 4 graves. Ils fournirent 7 décès.

En résumé, sur 83 scorbutiques, on ne compte que 8 décès, dont 7 dans les 17 cas secondaires, et 1 dans les 66 cas primitifs.

Nous n'avons observé à l'ambulance qu'un seul décès, et alors il s'agissait d'une complication grave (pneumonie).

TABLEAU

Delpech. — Mémoires. Annales d'hygiène, 1871.

Lasègue et Legroux. — Id. Archives gén. de méd., 1871.

Bucquoy. — Id. Société médicale hôpit., 1871.

Hayem. — Id. Société de Biologie de 1871.

Leven. — Id. Société de biologie de 1871.

Grenet. — Id. Annales d'hygiène, 1871.

Brouardel. — Id. Société méd. des hôpitaux, 1871.

Laboulbène. — Académie des sciences, 1871.

Chalvet. — Id. Société de biologie, 1871.

Gentil. — Thèse de Paris, 20 juin 1872.

QUESTIONS

SUR LES DIVERSES BRANCHES DES SCIENCES MÉDICALES

Anatomie et histologie normales. — Des aponévroses.

Physiologie. — De la sécrétion de la bile et du rôle de ce liquide.

Physique. — Description des pôles les plus usités.

Chimie. — Théories sur la constitution chimique des sels ; solubilité des sels ; action des sels les uns sur les autres. Lois de Berthollet et de Wallaston.

Histoire naturelle. — Des tiges ; leur structure ; leur direction ; caractères qui distinguent les tiges des monocotylédones, de celles des dicotylédones ; théorie de leur accroissement.

Pathologie externe. — De l'astigmatisme.

Pathologie interne. — Des concrétions sanguines dans le système nerveux.

Pathologie générale. — Des métastases.

Anatomie et histologie pathologiques. — Des lésions des nerfs.

Médecine opératoire. — De la valeur des appareils inamovibles dans le traitement de la coxalgie.

Pharmacologie. — Des gargarismes et des collutoires ; des collyres gazeux, liquides, mous et solides,

des injections ; des inhalations, des lotions, des fer-
mentations, des fumigations.

Thérapeutique. — Des indications, de la médication tonique.

Hygiène. — De l'action de la lumière sur l'organisation.

Médecine légale. — Empoisonnements par le chlo-
roforme et l'éther. Comment peut-on reconnaître la
présence de ces anesthésiques dans le sang.

Accouchements. — Des paralysies symptomatiques
de la grossesse.

Vu, bon à imprimer,
G. SÉE, Président.

Permis d'imprimer :
Le vice-recteur de l'Académie de Paris,
A. MOURIER.

Paris. Typ. A. PARENT, rue Monsieur-le-Prince. 31.